계절 알리미!
생활 속
24절기

3판 1쇄 발행 2024년 10월 31일

글쓴이	김고운매
그린이	신정수
펴낸이	이경민
펴낸곳	㈜동아엠앤비
출판등록	2014년 3월 28일(제25100-2014-000025호)
주소	(03972) 서울특별시 마포구 월드컵북로22길 21, 2층
전화	(편집) 02-392-6901 (마케팅) 02-392-6900
팩스	02-392-6902
전자우편	damnb0401@naver.com
SNS	

ISBN 979-11-6363-895-7 (73400)

※ 책 가격은 뒤표지에 있습니다.
※ 잘못된 책은 바꿔 드립니다.

초등 융합 사회과학 토론왕 시리즈의 출판 브랜드명을 과학동아북스에서 뭉치로 변경합니다.
도서출판 뭉치는 ㈜동아엠앤비의 어린이 출판 브랜드로, 아이들의 지식을 단단하게 만들어주고, 아이들의 창의력과 사고력을 키워주어 우리 자녀들이 융합형 창의 사고뭉치로 성장할 수 있도록 좋은 책을 만들겠습니다.

계절 알리미!

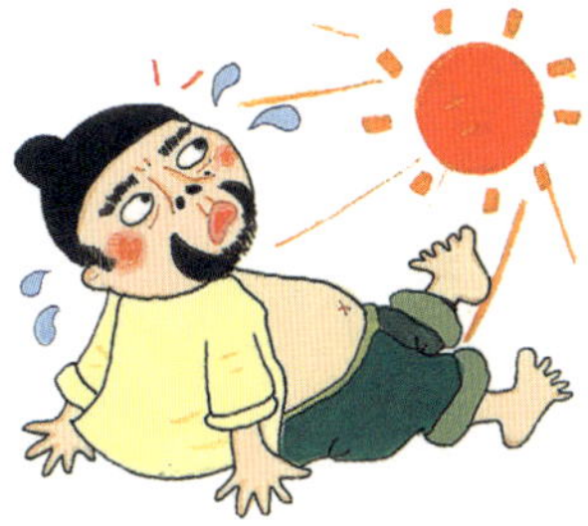

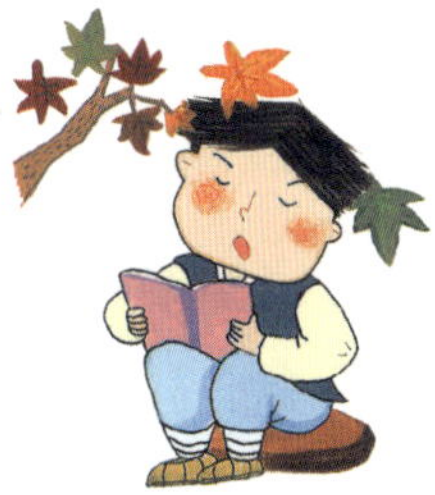

생활 속 24절기

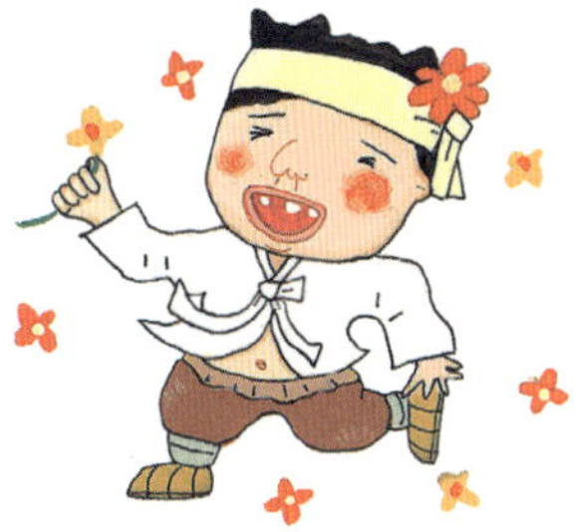

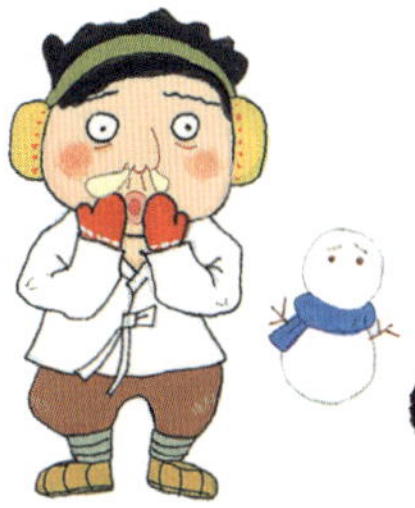

글쓴이 **김고운매** 그린이 **신정수**

뭉치
MoongChi Books

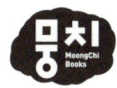

펴내는 글

24절기는 어떻게 만들어졌을까요? 우리 조상 때부터 지켜온 24절기가 현대사회에서는 어떤 의미를 지닐까요?

　선생님의 질문에 교실은 일순간 조용해지기 시작합니다. 인내심이 한계에 다다른 선생님께서 콕 집어 누군가의 이름을 부르는 순간 내가 걸리지 않았다는 안도감에 금세 평온을 되찾지요. 많은 사람 앞에서 어떻게 말을 해야 할까 고민 한번 해 보지 않은 사람은 없을 겁니다.
　사람들 앞에서 자신의 생각을 조리 있게 전달하는 기술은 국어 수업 시간에만 필요한 것이 아닙니다. 학교 교실뿐만 아니라 상급 학교 면접 자리 또는 성인이 된 후 회의에서도 자신의 의견을 분명히 표현할 수 있어야 합니다. 하지만 어디서부터 시작해야 할지 몰라 입을 떼는 일이 쉽지 않습니다. 혀끝에서 맴돌다 삼켜 버리는 일도 종종 있습니다. 얼떨결에 한마디 말을 하게 되더라도 뭔가 부족한 설명에 왠지 아쉬움이 들 때도 많습니다.
　논리적 사고 과정과 순발력까지 필요로 하는 토론장에서 자신만의 목소리를 내려면 풍부한 배경지식은 기본입니다. 게다가 고학년으로 올라가서 배우는 수업과 진학 시험에서의 논술은 교과서 속의 내용만을 요구하지 않습니다. 또한 상대의 의견을 받아들이거나 비판하기 위해서도 의견의 타당성과 높은 수준의 가치 판단을 해야 하는 경우가 많은데, 자신의 입장을 분명히 하기 위해선 풍부한 자료와 논거가 필

요합니다. 「초등 융합 사회 과학 토론왕」 시리즈는 사회에서 일어나는 다양한 사건과 시사 상식 그리고 해마다 반복되는 화젯거리 등을 초등학교 수준에서 학습하고 자신의 말로 표현할 수 있도록 기획되었습니다. 체계적이고 널리 인정받은 여러 콘텐츠를 수집해 정리하였고, 전문 작가들이 학생들의 발달 상황에 맞게 스토리를 구성하였습니다. 개별적으로 만들어진 교과서에서는 접할 수 없는 구성으로 주제와 내용을 엮어 어린 독자들이 과학적 사고뿐만 아니라 문제 해결력, 비판적 사고력을 두루 경험할 수 있도록 하였습니다. 폭넓은 정보를 서로 연결지어 설명함으로써 교과별로 조각나 있는 지식을 엮어 배경지식을 보다 탄탄하게 만들어 줍니다. 뿐만 아니라 국어를 기본으로 과학에서부터 역사, 지리, 사회, 예술에 이르기까지 상식과 사회에 대한 감각을 익히고 세상을 올바르게 바라보는 눈도 갖게 할 것입니다.

『생활 속 24절기』에서 24절기의 유래와 다양한 세시 풍습을 알게 될 것이고, 이것이 현대 우리 생활에도 크게 영향을 끼치고 있다는 것을 깨닫게 된다면 이 책은 충분히 가치를 발휘한 것이 됩니다. 또한, 국어는 기본이고 과학에서부터 역사, 지리, 사회, 예술에 이르기까지 상식과 사회에 대한 감각을 익히고 세상을 바라보는 눈도 갖게 될 것입니다.

편집부

차례

펴내는 글 · 4
대한이와 소한이가 누구지? · 8

1장 대한이가 소한이네 갔다가 얼어 죽었다고? · 11

소한이 때문에 배고파
1년은 왜 24절기일까요?
언제쯤 동물들이 겨울잠에서 깰까?
꽃피는 봄이 오면

토론왕 되기! 절기와 절기 사이는 왜 정확히 15일이 아닐까?
동지를 지나야 한 살 더 먹는다?

2장 황부자의 농사 비법을 캐내라 · 35

황부자네 머슴 선발 대회
농기구를 버리라고?
발등에 오줌 누기
복, 복, 복날이다!
국화 향에 취하다

토론왕 되기! 경칩날 개구리 알을 먹어야 건강하다고?
과일도 제맛 나는 때가 다 정해져 있다고?

3장 골목대장 개똥이는 왜 1년 내내 심심하지 않을까? · 61

개똥이를 찾아라!
심심할 틈이 어딨어?
개똥이 구워삶기

토론왕 되기! 옛날 아이들은 무엇을 하며 놀았을까?
24절기와 세시 풍속은 다르다

 **4장 황제는 왜 매일 해그림자 길이를 쟀을까? · 85**

서당에 나타난 도깨비

시간을 지배하는 방법

> 토론왕 되기! 달은 왜 매일 모양이 바뀔까?
> 태양의 움직임을 무엇으로 측정했을까?

 **5장 나라마다 역법이 다르다고? · 103**

동서양 천문학의 만남 『칠정산』

10월 4일 다음 날이 10월 15일이라고?

황부자의 세 번째 문제

> 토론왕 되기! 일식이 일어나는 시간을 14분 놓쳐서 곤장을 맞다
> 1년이 점점 짧아지고 있다고?

어려운 용어를 파헤치자! · 122
24절기 속담에는 무엇이 있을까? · 124
24절기에 대해 더 알고 싶을 땐 여기를 가봐! · 127

🧒 소한이 때문에 배고파

"대장대장, 큰일 났어요!"

어벙이가 호들갑스럽게 들어왔어요. 대장과 차돌이는 산채에서 마을로 내려갈 준비를 하고 있었어요. 대장과 차돌이, 어벙이는 산 속에서 살며 가끔 마을에 내려가서 필요한 것을 가져와요. 물론 몰래 가져오지요. 가끔은 사냥을 하기도 하지만요.

"무슨 일이냐, 어벙아?"

"아 글쎄, 마을에 소한이란 놈이 왔다네요. 대한이가 소한이네서 얼어 죽었다는데 엄청 무서운 놈인가 봐요."

"뭐야? 소한이라는 무서운 놈이 마을에 왔다고?"

"네, 사람들이 소한이 때문에 다 집에 들어가서 꼼짝을 안 해요."

"흠, 그럼 어떻게 한다? 산채에 식량이 떨어져 가고 있는데 큰일이네. 당장 마을로 가서 소한이를 해치우자."

대장은 벌떡 일어났어요.

"대장! 소한은 사람이 아니에요. 절기를 말하는 거예요. 벌써 소한이라니 마을에 가는 건 며칠 미루는 게 좋겠어요. 추워서 다들 집에 있을 테니까요."

차돌이가 웃으며 말했어요.

"절기? 그게 뭔데?"

대장은 눈을 크게 뜨며 물었어요.

"절기요? 간단히 말하면 1년을 날씨에 따라 나눈 거예요. 소한은 그중에서 가장 추운 날이고요. 대장, 우리도 군불 더 때야겠어요."

차돌이가 말하자 대장은 어벙이에게 눈짓을 했어요. 어벙이는 얼른 나가서 아궁이에 장작을 더 많이 넣었어요.

"그럼 대한이가 소한이네서 얼어 죽었다는 건 뭐야?"

어벙이가 방으로 들어오며 물었어요.

"소한과 대한 둘 다 추운 날씨를 말하는데 소한 때가 대한 때보다 훨씬 추워. 그래서 대한이가 소한이네 갔다가 얼어 죽었다고 표현하는 거야."

"추운 날씨에 이름을 왜 붙였어? 복잡하게."

어벙이가 머리를 긁적였어요. 차돌이는 한숨을 푹 쉬었어요.

"후유, 너, 동지 알지?"

"동지야 나도 알지. 팥죽 끓여 먹는 날. 저번 동지 때 뜨거운 팥죽이 먹고 싶어서 개똥이네 부엌에 들어갔다가 어이쿠야, 작대기로 흠씬 두드려 맞고 도망 왔잖아."

어벙이가 몸을 부르르 떨며 말했어요.

"그거야 네가 뜨겁다고 뛰다가 솥을 통째로 엎었으니까 그랬지."

차돌이가 그때 일을 떠올리며 말했어요.

"동지 팥죽을 먹어야 진짜 나이를 한 살 더 먹는다니까 많이 먹으려다

가 그런 거지."

 어벙이는 억울하다는 듯이 말했어요.

"그 동지도 절기 중의 하나야. 소한은 말 그대로 작은 추위이고 대한은 큰 추위라는 의미이지. 그런데 우리나라는 소한 때가 가장 추워."

"작은 추위인데 왜 가장 추운 거냐?"

 갑자기 대장이 물었어요. 대장은 관심 없는 척 옆에서 화살을 다듬고 있었거든요.

"그건 절기를 만든 곳이 중국이기 때문이래요. 우리나라랑 기후가 좀 다르잖아요. 겨울철 추위는 입동에서 시작해서 소한을 거쳐 대한 때 가장 춥다는데 우리나라는 오히려 추위의 절정이어야 할 대한이 덜 추우니까요. 소한 때 얼었던 얼음이 대한 때 녹는대요."

"그럼 그 가장 춥다는 소한이 지금이란 거지?"

대장은 화로 옆으로 다가앉으며 말했어요.

"지금 괜히 마을로 내려 갔다가는 추위 때문에 아무것도 못 해요. 며칠 쉬다가 대한이 지나면 그때 내려가도록 해요."

차돌이도 대장 옆으로 다가붙었어요.

"그놈의 소한이 때문에 며칠 더 배고파야겠네. 쩝, 배고프면 더 추운데."

어벙이가 둘 사이를 파고들었어요.

1년은 왜 24절기일까요?

"도대체 언제까지 추울 거지? 난 정말 겨울이 싫어."

어벙이가 몸을 움츠리며 말했어요. 밤이 깊어갈수록 더욱 추워졌어요. 배고파서 잠은 오지 않고 밤은 길기만 했어요. 밖에서는 부엉이가 우는 소리가 났어요. 대장도 잠이 안 오는지 뒤척거렸어요.

"대장. 잠도 안 오는데 재미있는 이야기 없어요?"

어벙이가 대장 옆으로 다가앉았어요.

"아까 그 절기 이야기나 좀 해 봐라."

대장은 귀찮은지 차돌이에게 이야기를 넘겼어요.

"아, 절기요? 절기는 1년을 24개로 나누어서 계절을 구분하는 거래요. 하늘에서 태양이 지나가는 길을 24개로 나눈 것인데 일 년이 365일이니까 대략 보름마다 한 번씩 있어요. 보통 매월 4~8일 사이와 19~23일 사이에 절기가 있어요."

"1년을 24개로 나눈 거면 날짜가 같아야지 왜 날짜가 달라지는 거냐?"

절기와 관련된 속담

우수 뒤의 얼음 같다
우수가 지나면 아무리 춥던 날씨도 풀린다는 뜻으로 얼음이 슬슬 녹아 없어지는 걸 뜻해.

곡우에 가물면 땅이 석 자가 마른다
곡우 때쯤이면 봄비가 잘 내리고 곡식이 윤택해지는데, 비가 오지 않으면 그 해 농사가 힘들다는 뜻이야.

입추에는 벼 자라는 소리에 개가 짖는다
벼가 한창 자랄 때라서 귀가 밝은 개는 벼가 자라는 소리까지 들을 수 있을 정도라는 말이지.

"옛날에 태양의 움직임에 따라 절기를 만들었다고 하는데 조금씩 날짜가 틀린 건 왜인지 모르겠어요."

"어쩌면 태양이 가끔 제멋대로 움직이기 때문이 아닐까?"

어벙이가 톡 끼어들었어요.

"아침마다 동쪽에서 뜨고 저녁마다 서쪽으로 지는 태양이 어떻게 제멋대로 움직인다는 거냐? 태양이 제멋대로 움직이면 우리가 어떻게 살겠어? 생각 좀 하고 말해."

대장은 어벙이의 머리를 쥐어박았어요.

"계절은 봄, 여름, 가을, 겨울 이렇게 네 가지잖아. 24개로 나눈다니 믿기지가 않아."

어벙이는 머리를 문지르며 괜히 차돌이에게 트집을 잡았어요.

"그럼 네 생각에 봄이 언제부터 언제까지야?"

차돌이가 오히려 어벙이에게 질문을 던졌어요.

"그거야 새싹이 돋으면 봄이고 더워지면 여름이지."

"보리 싹은 겨울에 나고 배추 싹은 가을에 나는데?"

차돌이가 반박하자 어벙이는 말을 잇지 못했어요.

"모르면 좀 가만히 들어. 봄은 입춘에서 곡우 사이를 말하고 여름은 입하에서 대서 사이, 가을은 입추에서 상강까지, 겨울은 입동에서 대한까지를 말하는 거야. 1년이 열두 달이니까 한 달에 두 번씩 절기가 있게 되지."

"그럼 24절기가 제각각 다른 이름이 있겠구나?"

봄은 입춘에서 곡우까지

여름은 입하에서 대서까지

가을은 입추에서 상강까지

겨울은 입동에서 대한까지

"네, 입춘, 우수, 경칩, 춘분, 청명, 곡우, 입하, 소만, 망종, 하지, 소서, 대서가 있어요. 아우 숨차다. 잠깐 숨 좀 쉬고요."

차돌이는 숨을 깊게 들이마셨다가 내쉬었어요.

"또 입추, 처서, 백로, 추분, 한로, 상강, 입동, 소설, 대설, 동지, 소한, 대한이 있답니다."

"'입'자가 많네. 입춘, 입하. 또 입 머시기."

대장이 관심을 보이기 시작했어요.

차돌이의 계절 노트

절기와 관련된 속담

모기도 처서가 지나면 입이 삐뚤어진다
더위도 고비를 넘기면 날씨가 싸늘해지니 한여름에 극성을 부리던 모기도 기세가 약해진다는 뜻이야.

동지섣달 해는 노루꼬리만 하다
이 속담은 해의 길이를 노루꼬리에 빗대어서 동지섣달에는 낮의 길이가 매우 짧음을 나타내고 있어.

춥지 않은 소한 없고 포근하지 않은 대한 없다
소한이 대한보다 더 춥다는 의미의 속담. 또는 어떤 현상이나 상황에만 기대어 엄살을 부리는 사람들을 의미하지.

"각 계절이 시작한다는 걸 알리는 절기라서 그래요. 입춘은 봄에 들어선다는 의미고 입하는 여름에, 입추는 가을, 입동은 겨울에 들어선다는 것을 알려 주는 거죠."

"그러니까 절기로 계절을 알려 준다는 거네? 거참 희한하구만."

"절기로 날씨까지 미리 알 수가 있죠."

차돌이는 신이 나서 혀로 입술에 침을 발랐어요.

"아웅, 졸려. 이제 그만하고 자자."

어벙이가 차돌이를 막았어요. 들어도 이해가 안 되는 어벙이로선 더 이상 듣는 것이 괴로웠거든요. 대장도 하품을 했어요.

"오늘은 이만 자자. 푹 자고 내일 다시 이야기하자."

어벙이가 얼른 불을 껐어요. 차돌이는 아쉬웠지만 어쩔 수가 없었어요.

언제쯤 동물들이 겨울잠에서 깰까?

"대장, 먹을 게 고구마 몇 뿌리밖에 없어요. 이제 어떡하죠?"

일어나자마자 광을 뒤지던 어벙이가 말했어요.

"먹을 것을 구하러 가야지."

"그렇지만 마을로 갈 수 없잖아요."

"그럼 사냥이라도 가야지."

대장은 어젯밤에 손 본 활과 화살을 챙겼어요. 어벙이가 작대기를 들었어요.

"그 작대기로 뭐하려고?"

차돌이가 웃으며 물었어요.

"굴을 쑤셔서 그 안에서 겨울잠 자는 녀석들을 잡을 거야. 소한이랬으니까 녀석들도 꼼짝 못할 거야."

어벙이가 작대기를 휘두르며 말했어요.

"소한이 아니어도 겨울잠 자는 녀석들은 경칩이 되어야만 깨니까 걱정 마."

"그럼 출발해 볼까?"

채비를 다한 대장이 앞장서자 어벙이와 차돌이는 얼른 따라나섰어요. 산은 온통 흰 눈으로 덮여 있었어요.

"동지 전에 눈이 많이 왔는데 요 며칠은 안 오네."

어벙이가 눈을 헤치면서 말했어요.

"동지 전에 소설과 대설이 다 있으니까 눈이 많이 왔지. 대한만 지나면 봄이니까 곧 겨울이 끝날 거야."

"다들 힘을 아끼도록 해. 말 많이 하면 배고파지니까 조용히 따라와라. 잠자는 동물들 다 깨우겠다."

대장이 주의를 주었어요. 둘은 입을 꼭 다물고 조용히 대장을 따라갔어요.

셋이 반나절 동안 산을 헤매었지만 토끼 한 마리 마주치지 않았어요.

"어우, 손이 꽁꽁 얼었어. 너무 추워."

어벙이가 몸을 덜덜 떨었어요. 차돌이는 땔감을 모아 불을 붙였어요.

"춥다춥다 하지 말고 여름을 떠올려 봐. 삼복더위가 심하던 대서 때를 생각하면 덜 추울 거야."

"대서?"

"응. 소한, 대한처럼 여름 더위도 소서, 대서라고 하거든. 뜨거운 햇살을 떠올리면 추위를 좀 잊을 수 있을 거야."

"그래? 삼복더위. 뜨거운 햇살."

어벙이는 눈을 감고 상상에 빠졌어요. 갑자기 어벙이가 혀를 내밀고 헥헥거렸어요.

"어벙아, 왜 그래?"

"너무 더워서 개처럼 헥헥거려 봤어."

"으이구. 이제 좀 덜 추워?"

"응. 우리 물고기 잡으러 가면 어떨까?"

어벙이가 말하자 대장도 고개를 끄덕였어요. 셋은 얼어붙은 강가로 가 작대기로 얼음을 쿡쿡 쑤셔서 구멍을 뚫었어요. 그런 다음 작대기에 줄을 달고 구멍 안으로 넣었어요. 하지만 한참을 기다려도 아무 움직임이 없었어요. 기다리다 못해 어벙이가 줄을 당겼지요.

어? 줄이 묵직해서 잡아 당길 수가 없었어요.

"뭐가 물었나 봐. 아주 큰 놈이야. 나 좀 도와줘!"

어벙이가 낑낑거리자 차돌이도 달라붙었어요. 대장도 얼른 뛰어와서 셋이 힘을 합쳐 잡아 당겼어요.

그러다 그만 줄이 뚝 끊어졌어요. 셋은 뒤로 나자빠졌죠. 가장 먼저 일어난 차돌이가 구멍 안을 들여다보더니 말했어요.

"뭐가 물긴. 얼어붙었구만."

대장이 어벙이를 노려보았어요. 어벙이는 머리를 긁적였어요.

"에효, 추워서 물고기가 아래로 다 피했나 봐요. 우수는 지나야 물고기가 물 위로 올라온다잖아요."

차돌이는 주섬주섬 짐을 챙겼어요.

"오늘은 다 허탕이네. 괜히 배만 꺼지게 했어. 빨리 돌아가서 몸부터 녹여야겠다."

셋은 서둘러 산채로 돌아왔어요.

몸이 풀리자 잠이 몰려왔어요. 어벙이는 꾸벅꾸벅 졸기 시작했지요. 대장도 차돌이도 슬슬 잠에 빠져들었어요.

"보물이다, 보물!"

어벙이가 소리를 지르자 대장은 눈을 번쩍 떴어요.

"무슨 보물?"

어벙이는 주위를 둘러보았어요.

"내 보물이요. 강남 갔던 제비가 박씨를 물어 왔는데."

대장은 어벙이의 뒤통수를 때리곤 다시 돌아누웠어요.

"제비는 낮과 밤의 길이가 같은 춘분이 지나야 돌아와. 정신 좀 차려."

차돌이가 조용히 귓속말을 했어요. 어벙이는 꿈속의 보물이 아까워서 발을 동동 굴렀어요.

꽃피는 봄이 오면

모처럼 햇살이 비치는 아침이었어요. 어벙이는 기분이 좋았어요. 마당을 쓸고 아궁이에 나무도 잔뜩 집어넣었어요.

"방이 왜 더 차가워졌지?"

대장이 방문을 열고 말했어요.

"제가 나무도 잔뜩 넣었는데 그럴 리가 없어요."

어벙이가 얼른 뛰어 들어와서 방바닥을 만졌어요.

"이상하다. 분명 나무를 넣었는데."

차돌이가 아궁이를 들여다보았어요.

"누가 젖은 나무를 넣었어? 불이 다 꺼졌잖아."

어벙이는 몸을 잔뜩 움츠렸어요. 대장은 어벙이를 노려보았어요. 어벙이는 마당으로 내뺐어요.

"난 정말 겨울이 싫어! 빨리 봄이 왔으면 좋겠어. 추운 건 딱 질색이야!"

"쓸데없는 소리 말고 마른 나무나 주워 와!"

대장이 소리를 빽 질렀어요. 차돌이가 겨우 불을 붙이고 방으로 되돌아왔을 때 어벙이는 없었어요.

"봄이 온다고 따뜻할 것 같아? 꽃샘추위는 어쩌고. 사내자식이 이 정도 추위에 겨울이 싫다고 우는 소리나 하다니."

대장은 구시렁거리더니 이불 속으로 파고들었어요.

"이번 겨울은 유난히 기네요. 처서에 비만 오지 않았어도 이렇게 힘들지는 않았을텐데 말예요."

"그게 무슨 소리냐?"

"처서에 비가 오면 십 리 천 석을 감한다는 말이 있어요. 처서에 비가 오면 곡식이 제대로 익지 못해서 흉년이 된다는 말인데 지난 가을에 그랬거든요. 이번 대설 때 눈이 많이 와서 올해는 풍년이 들 거예요. 올 겨울만 잘 버티면 되는데."

차돌이는 한숨을 푹 내쉬었어요.

"걱정 마라. 잘 버텨낼 테니. 꽃피는 봄이 오면 꽃놀이도 가자꾸나."

대장은 차돌이의 등을 두드려주었어요.

"꽃놀이를 가려면 적어도 4월초 청명은 되어야 한다고요. 그때까지 어떻게 버티죠?"

"대한만 지나면 황부자네서 곡식을 좀 가져와야지. 그 양반은 올해도 풍년이었다는구만."

"그러게요. 다들 흉작이라고 힘들어 했는데 황부자네만은 풍년이었어요. 아우, 황부자네 생각을 하니 더 배가 고파와요."

차돌이는 이야기하다 말고 입맛을 다셨어요. 대장도 배를 쓰윽 쓰다듬었어요.

"뭣 좀 먹자꾸나."

"이거밖에 없는데 한입씩 하면 되겠네요."

언제 들어왔는지 어벙이가 생고구마를 내밀었어요. 겨우내 먹으려고 광에 넣어 두었던 고구마도 이제 바닥을 보이고 있었지요. 대장부터 차돌이까지 생고구마를 한입씩 와그작 씹어 먹었어요. 며칠 더 버티려면 조금씩만 먹어야 해요.

"그런데 대장, 우리는 언제까지 남의 것을 훔치며 지내야 해요? 이젠 남의 집 담을 넘는 것도 지쳤어요. 앞으로 어떻게 살지 생각해 보면 어때요?"

차돌이가 조심스럽게 이야기를 꺼냈어요.

안 그래도 대장도 고민하고 있던 문제였어요. 마을로 내려가서 필요한 것을 가져오는 일이 날이 갈수록 어려워지고 있었어요.

"그렇다고 우리가 농사를 지을 줄도 모르는데 어떡하겠어? 전에 화전하려고 불 질렀다가 산채만 홀라당 태워 먹었잖아."

"황부자네는 매년 풍년이라는데 뭔가 비법이 있지 않을까요?"

어벙이가 말하자 대장이 무릎을 탁 쳤어요.

"그래! 분명 비법이 있을 거야. 우리 마지막으로 그 비법을 훔쳐 내자. 그러면 우리도 도둑질 그만두고 농사지으며 살 수 있을 거야."

차돌이도 눈을 빛냈어요. 셋은 머리를 맞대고 황부자네 비법을 훔칠 계획을 짰어요.

절기와 절기 사이는 왜 정확히 15일이 아닐까?

24절기는 태양이 움직이는 길인 황도를 따라서 동쪽으로 15° 간격씩 24개의 점을 정했을 때 태양이 각 점을 지나는 때를 말하는 것입니다. 가상의 커다란 구인 천구 상에서 태양의 위치가 0°일 때 춘분, 15°일 때 청명, 30°일 때 곡우, …, 300°일 때 대한으로 정한 거랍니다. 절기와 절기 사이는 대부분 15일인데 경우에 따라 14일이나 16일이 되기도 합니다. 그 이유는 지구의 공전 궤도가 타원형이라서 태양을 15° 도는 데 걸리는 시간이 똑같지 않기 때문이랍니다. 지구의 공전이 뭐냐고요? 일 년에 한 바퀴씩 지구가 태양 주위를 도는 것을 공전이라고 합니다.

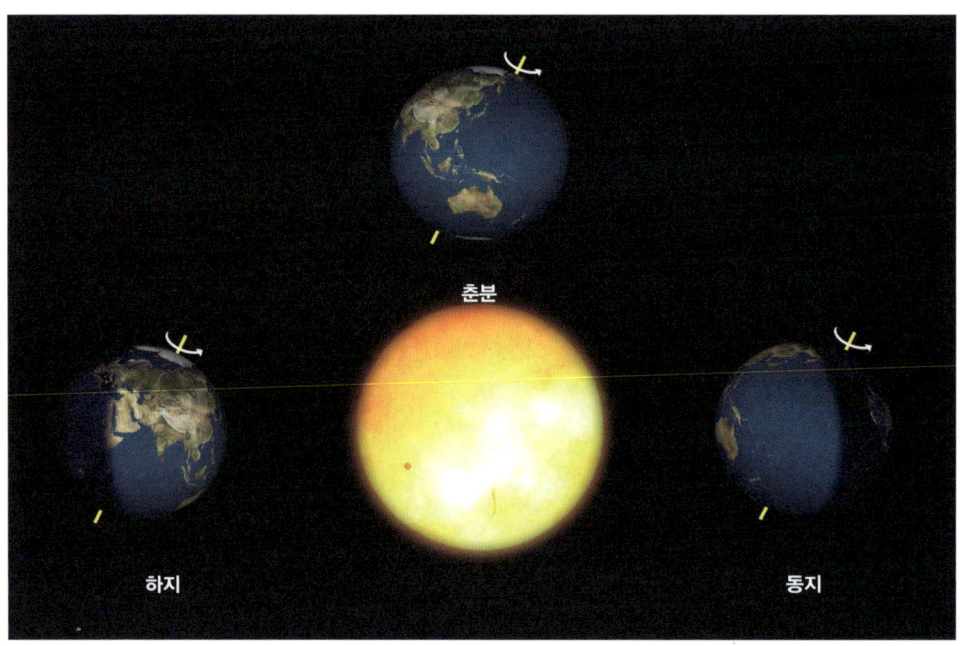

지구가 23.5° 기울어져 있기 때문에 하지에는 태양이 우리나라를 거의 수직으로 비추고 동지에는 비스듬히 비추고 있다.

동지를 지나야 한 살 더 먹는다?

동지는 일 년 중에서 밤이 가장 길고 낮이 짧은 날입니다. 그래서 고대인들은 이날을 태양이 죽었다가 다시 살아나는 날로 생각했어요. 고대인들은 동지가 되면 축제를 벌이고 태양신에 대한 제사를 올렸지요. 중국 주나라에서도 동지가 생명과 빛이 다시 시작하는 날이라 하여 명절로 삼았어요. 그래서 중국에서는 동짓날에 천지신과 조상에게 제사를 드리고 왕이 신하들과 시간을 보내기도 했어요.

『동국세시기』에 따르면 동짓날을 아세라고 하고 민간에서는 작은 설이라고 했어요. 그래서 '동지를 지나야 한 살 더 먹는다' 또는 '동지 팥죽을 먹어야 진짜 나이를 한 살 더 먹는다'는 말이 있답니다.

동지 팥죽
팥죽은 찹쌀로 경단을 빚은 후 팥을 고아 만든 죽에 넣고 끓인 것이다. 떡국이 설날 음식이라면 팥죽은 동지의 대표적인 음식으로 예로부터 질병이나 귀신을 쫓는 음식으로 여겨졌다.

절기를 한눈에!

우리나라는 예로부터 1년을 봄, 여름, 가을, 겨울 사계절로 나누고 계절마다 각각 절기를 나누었어요. 옛날에는 달의 움직임에 따라 만든 음력으로 날짜를 세었는데 그러다 보니 계절과 날짜가 맞지 않을 때가 있었답니다. 그래서 태양의 움직임에 따라 날씨와 동식물의 변화를 나타내는 명칭을 붙인 절기를 만들어서 함께 사용하게 되었어요. 태양이 지나는 길을 24개로 나누어서 계절을 구분한 것, 이것이 바로 24절기랍니다.

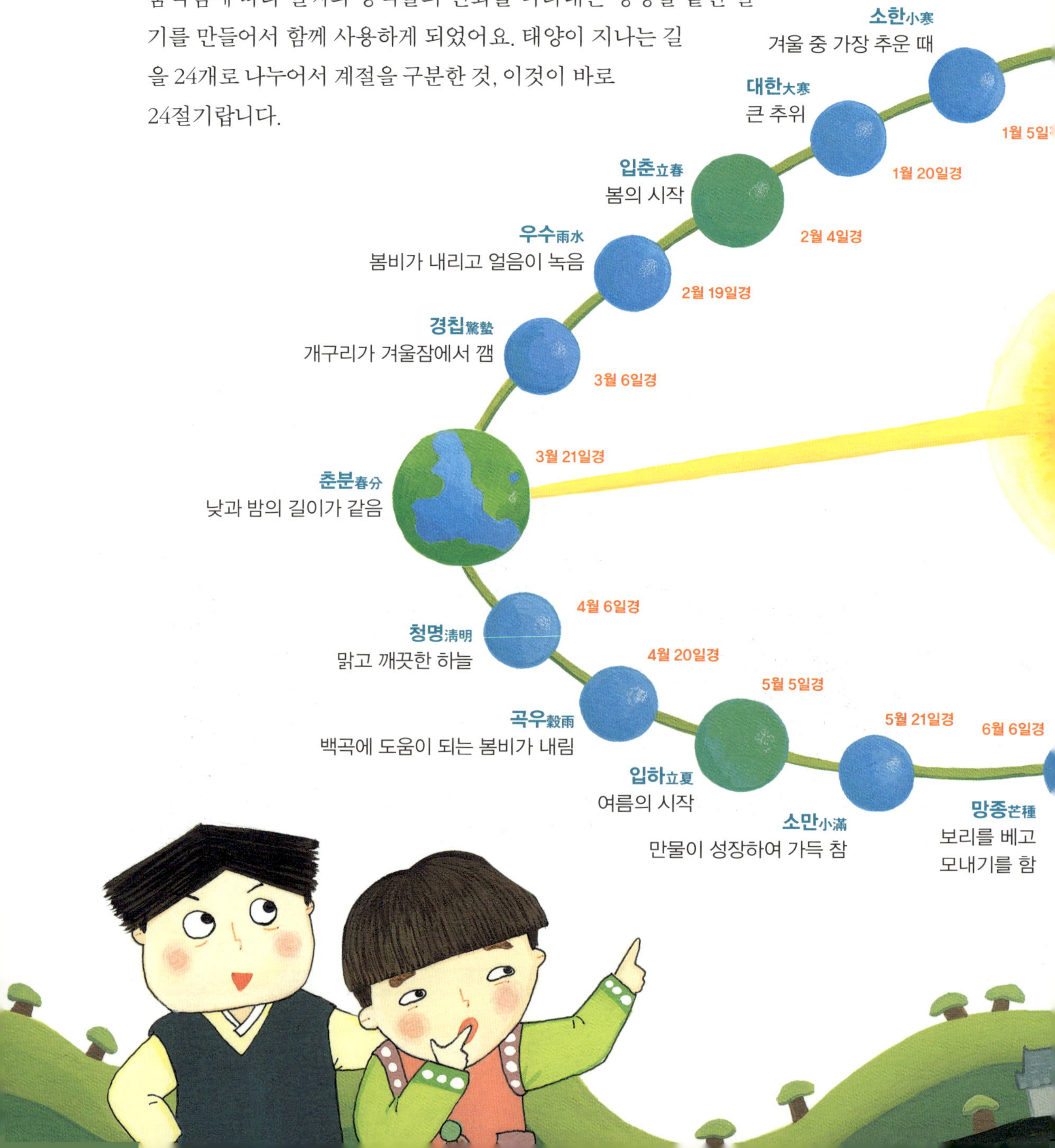

소한 小寒 겨울 중 가장 추운 때 — 1월 5일경
대한 大寒 큰 추위 — 1월 20일경
입춘 立春 봄의 시작 — 2월 4일경
우수 雨水 봄비가 내리고 얼음이 녹음 — 2월 19일경
경칩 驚蟄 개구리가 겨울잠에서 깸 — 3월 6일경
춘분 春分 낮과 밤의 길이가 같음 — 3월 21일경
청명 淸明 맑고 깨끗한 하늘 — 4월 6일경
곡우 穀雨 백곡에 도움이 되는 봄비가 내림 — 4월 20일경
입하 立夏 여름의 시작 — 5월 5일경
소만 小滿 만물이 성장하여 가득 참 — 5월 21일경
망종 芒種 보리를 베고 모내기를 함 — 6월 6일경

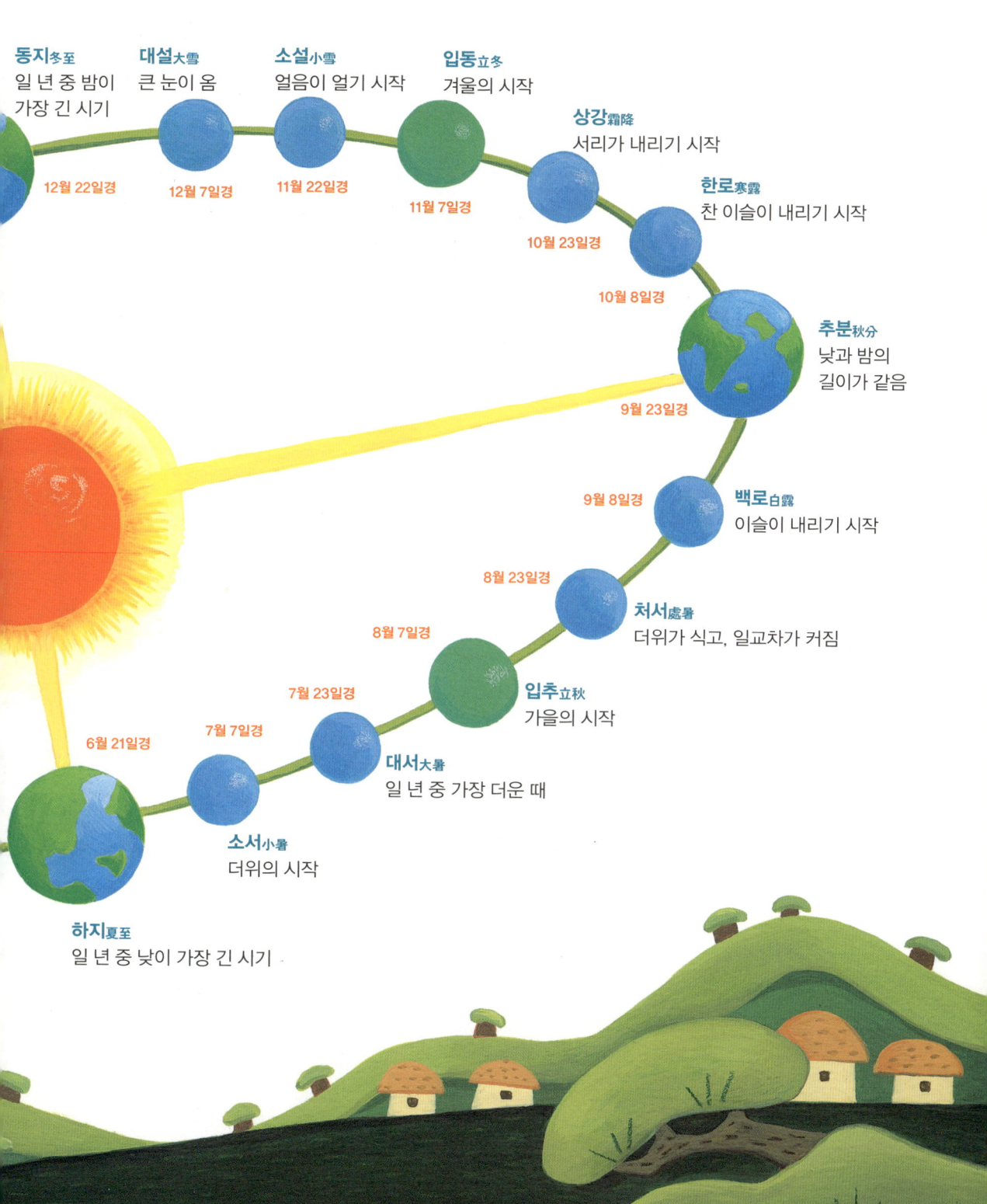

절기에 맞는 속담 맞추기!

우리나라에는 절기와 관련된 속담이 많아요. 어벙이가 빈 칸에 알맞은 절기 이름을 써 넣으려고 하는데 잘 생각이 나지 않는 모양이에요. 여러분의 도움이 필요해요. 기억이 가물가물하다면 앞으로 돌아가 본문과 차돌이의 계절 노트를 다시 찾아 읽어 보세요!

- (   ) 뒤에 얼음 같다

- (   ) 에 가물면 땅이 석 자가 마른다

- (   ) 에는 벼 자라는 소리에 개가 짖는다

- (   ) 에 비가 오면 십 리 천 석을 감한다

- (   ) 섣달 해는 노루꼬리 만하다

- (   )이가 (   ) 이네 갔다가 얼어 죽었다

정답: 우수, 눈 눈, 입추, 공로, 동지, 대한, 소한

🙂 황부자네 머슴 선발 대회

봄이 되자 차돌이는 마을로 내려갔어요. 황부자네 머슴으로 일하면서 틈을 보아 비법을 훔쳐 내려고요. 그런데 황부자네 집 앞에 사람들이 웅성거리며 서 있었어요. 모두 머슴이 되겠다고 온 사람들이었어요. 차돌이가 머리를 감싸 쥐고 있을 때 어벙이가 나타났어요.

"넌 여기 웬일이야?"

"어떻게 되었는지 궁금해서 왔지. 근데 차돌아, 여기 뭐라고 써 있어?"

어벙이가 벽보를 가리켰어요.

"황부자네 머슴 대우가 제일 좋다고 소문이 나서 다들 황부자네 머슴을 하겠다고 모여들었대. 그래서 이런 걸 하나 봐."

차돌이는 마음이 답답했어요. 그냥 쉽게 머슴이 될 줄 알았는데 이렇게 큰 장애가 있을 줄이야.

"나도 참가할래. 재밌겠다."

어벙이는 뭐가 신 나는지 헤헤거렸어요.

드디어 머슴 선발 대회가 열리는 날.

차돌이는 숨을 헐떡이며 열심히 뛰었어요. 키 작고 마른 차돌이로서는 힘에 부쳤지요. 덩치가 좋은 어벙이는 신이 나서 뛰어다녔어요. 많은 사람들이 땀을 뻘뻘 흘렸어요.

그런데 이게 웬일이에요? 어벙이가 일등을 하고 말았어요. 부상으로 받은 쌀가마니를 들고 어벙이는 헤헤 웃었어요.

"당분간 먹을거리 걱정은 없겠다."

구경 온 대장도 씩 웃었어요. 차돌이는 아쉬웠지만 어쩔 수 없었어요.

"어벙아, 비법을 꼭 알아내야 해."

"알았어. 걱정 마."

어벙이는 생글거렸어요.

"황부자가 하는 말을 기억했다가 나중에 나한테 꼭 말해 줘."

차돌이는 단단히 다짐을 시켰어요.

농기구를 버리라고?

"어? 어벙아, 너 여기서 뭐해?"

차돌이는 장에서 어벙이와 마주쳤어요. 만나기로 약속한 날이 아닌 데 말이에요. 어벙이는 엿을 맛있게 빨고 있었어요.

"일 안 하고 여기 나와 있어도 되는 거야?"

차돌이는 걱정이 되었어요.

"응, 황부자가 청명이라 농기구를 버리라고 해서 아까워서 엿 바꿔 먹었어."

"뭐? 농기구를 버리라고 했다고?"

"응, 이제 농사일 준비해야 한다고 농기구를 버리랬어."

어벙이는 입맛을 다시며 말했어요.

"혹시, 농기구를 벼리라고 한 거 아니야?"

차돌이가 곰곰이 생각하다가 말했어요.

"농기구를 벼리는 게 뭔데? 버리라고 했던가, 벼리라고 했던가. 같은 말 아니야?"

"농기구를 벼리라는 건 날이 서도록 잘 갈란 뜻이야. 논밭을 갈 준비를 하는 거지."

"아이구야, 어쩌지? 큰일났네!"

어벙이가 발을 동동 굴렀어요. 차돌이는 어벙이가 엿 바꿔 먹은 곳으로 갔어요. 사정사정해서 겨우 농기구를 돌려받은 차돌이는 어벙이를 노려보았어요.

"황부자 말을 잘 들으라고 했지? 앞으로는 잘 모르겠으면 꼭 나한테 묻고 일을 해. 사고치지 말고."

"알았어. 그럼 난 농기구 갈러 간다."

　어벙이가 돌아간 후 차돌이는 가슴을 쓸어내렸어요.

　청명이라니 이제 슬슬 농사일을 시작할 때였어요. 씨앗 뿌리기, 나무 심기, 논밭 갈아붙이기 등 일을 하는 때였지요.

　'어벙이가 잘해 줘야 할 텐데…….'

　차돌이는 한숨을 내쉬었어요.

　"황부자가 곡우에 가물면 땅이 석 자가 마른다고 혀를 찼어. 난 볍씨도 못 보게 해. 초상집 구경 갔다가 왔다고. 쳇."

　어벙이는 입이 댓발 튀어나왔어요.

"그거야 부정한 사람이 볍씨를 보면 싹이 잘 안 터서 농사를 망친다고 하니까 그렇지. 뭐하러 초상집 구경을 가?"

차돌이는 머리가 지끈거렸어요. 하루가 멀다 하고 사고를 치는 어벙이가 언제 쫓겨날지 걱정이 되었기 때문이지요.

"난 논밭둑 손질하고 곡우물 받으러 갈 거야. 거자수 받아야 해서 지리산 구례까지 가야 해. 차돌아, 같이 가자. 나 심심해. 응?"

어벙이가 애교를 부렸어요. 차돌이는 고개를 설레설레 저으면서 어벙이를 따라갔어요. 곡우물은 산다래나 자작나무, 박달나무 등에 상처를 냈을 때 거기서 나오는 물을 말해요. 그 물을 마시면 몸에 좋다고 해서 약으로 마시는 거지요. 자작나무 수액인 거자수는 특히 남자물이라 하여 여자들에게 좋다고 해요.

"근데 차돌아, 곡우살이가 뭐야? 돌아오는 길에 그것도 구해 오라셨는데."

"곡우살이는 곡우 때 잡히는 조기를 말하는 거야. 그 조기 맛이 일품이거든."

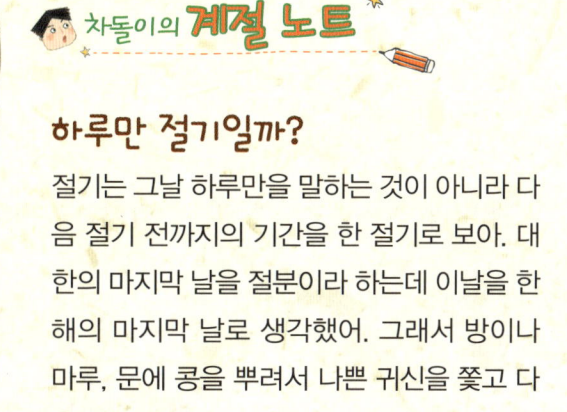

차돌이의 계절 노트

하루만 절기일까?
절기는 그날 하루만을 말하는 것이 아니라 다음 절기 전까지의 기간을 한 절기로 보아. 대한의 마지막 날을 절분이라 하는데 이날을 한 해의 마지막 날로 생각했어. 그래서 방이나 마루, 문에 콩을 뿌려서 나쁜 귀신을 쫓고 다음 날인 입춘을 맞이했어. 옛날에는 입춘을 새해 첫날로 생각했기 때문이지.

기왕 가는 거 나도 곡우살이 맛 좀 봐야겠다."

차돌이의 발걸음에 힘이 실렸어요.

발등에 오줌 누기

"차돌아, 이거 먹어 봐."

어벙이가 천으로 잘 싼 뭉치를 내밀었어요.

"이게 뭔데?"

"보리떡이랑 죽순이야. 내가 수확한 보리로 만들었어. 그거 베느라고 허리가 휘는 줄 알았네."

어벙이는 허리를 쭉 폈어요.

"황부자가 뭐라고 말했어?"

"별말 없었는데. 난 빨리 가 봐야 해. 보리 수확이 끝났으니 모내기해야 하거든. 그럼 난 간다."

"야!"

어벙이는 뒤도 돌아보지 않고 손만 흔들어 보였어요. 차돌이는 음식뭉치를 들고 휘적휘적 산채로 향했어요.

"이거 진짜 맛나다. 죽순은 이렇게 고추장에 찍어 먹어야 맛있다니까."

대장은 떡과 죽순을 연신 집어 먹으며 말했어요. 차돌이는 조바심이 났어요. 벌써 여름이 다가오는데 아직 황부자의 농사 비법을 알아내지 못했거든요. 생각에 빠져 있던 차돌이는 대장이 켁켁거리자 정신이 들었어요.

"이것도 좀 마시면서 천천히 드세요."

차돌이는 냉잇국을 내밀었어요. 향긋한 냉이 향을 맡자 차돌이도 허기가 졌어요. 보리떡을 한입에 넣고 우물거렸어요.

봄을 알리는 입춘이 오면 죽순으로 나물이나 찜, 장아찌 등을 만들어 먹었다.

"진짜 맛있네요. 금강산도 식후경이라고 일단 먹고 생각해야겠어요."

며칠이 지나고 차돌이는 어벙이를 찾아갔어요. 어벙이는 정신없이 바빴어요.

"지금 바빠서 오줌 눌 시간도 없어. 이따 이야기해."

어벙이는 휑하니 가 버렸어요. 하는 수 없이 차돌이는 어벙이 뒤를 따라다녔어요. 시간 날 때 이야기를 들으려면 옆에서 알짱거려야 했으니까요. 남은 보리이삭을 다 베고 모내기를 하고 또 보리씨를 뿌리고 정말 하루가 모자랄 정도였어요.

"아, 하나 생각났다. '보리는 익어서 먹게 되고 볏모는 자라서 심게 되니 망종이오' 그랬어. 발등에 오줌 누라고도 했고. 그게 비법인가?"

어벙이가 논둑에 오줌을 갈기며 말했어요.

"발등에 오줌 누란 건 그만큼 바빠서 오줌 눌 시간도 없다는 게 아닐까? 지금 너처럼 말이야. 으이그, 그건 비법이 아냐."

차돌이는 한숨을 푹 내쉬었어요.

"그나저나 비가 안 와서 큰일이네. 하지까지 비가 안 오면 기우제를 지내야 한다는데."

어벙이가 바지춤을 추스르며 말했어요.

"아, 대장 허리는 괜찮아? 밤이슬 맞은 보리를 먹으면 1년 동안 허리가 아프지 않는대. 그래서 내가 좀 준비했어. 이거 가지고 가."

어벙이가 허리춤에서 작은 뭉치를 꺼내서 던졌어요.

"보릿가루로 죽 끓여 먹으면 배탈도 나지 않는대. 너도 좀 먹어. 그럼 난 보리씨 가지러 간다."

몇 달 농사일을 했다고 어벙이한테서 의젓한 농사꾼 모습이 보였어요. 차돌이는 피식 웃음이 나왔어요.

"대장, 이거 어벙이가 대장을 위해서 준비했대요."

"쌀이 떨어져 가는데 어벙이는 아직이냐?"

"네. 그래도 곧 하지니까 햇감자가 나올 거예요. 그럼 당분간 식량 걱정 안 해도 돼요."

"황부자네 농사 비법 기다리다가 몸이 굳겠다. 요즘은 담 넘은 지 한참이라 기억이 가물거리네."

대장은 주먹으로 허리를 툭툭 치면서 말했어요. 어벙이가 머슴으로 들어간 후로 한 번도 남의 집 담을 넘은 적이 없었어요. 처음엔 어벙이가 부상으로 탄 쌀과 감자, 고구마로 생활을 했어요. 그 후로도 가끔 어벙이가 보내 주는 곡식으로 끼니를 때웠지요.

차돌이는 비법만 훔치면 모든 일이 다 잘될 것 같았어요.

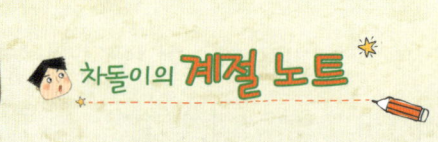

하지까지 비가 안 내리면?

하지가 되도록 비가 오지 않을 경우 나라에서는 기우제를 지냈어. 용신에게 비를 내려달라고 제사를 지내는 거야. 용신이 사는 못에 호랑이 머리나 개의 피를 뿌리는 의식을 했어. 그러면 용신이 자신의 거처가 더럽혀진 것을 싫어해서 비를 내려서 씻어 낸다고 믿었지.

복, 복, 복날이다!

"차돌아, 나 머슴 그만하면 안 될까? 정말 덥고 힘들어."

어벙이가 우는 소리를 했어요.

"무슨 소리야, 아직 비법을 못 알아냈잖아. 아직은 덜 더운 소서잖아. 조금만 더 참아."

"복날이 다가오잖아. 얼마나 더운데. 저 햇빛 아래서 잡초 뽑으려면 얼마나 힘든지 알아?"

어벙이가 투정을 부렸어요.

"알았어. 이 밭의 잡초는 내가 뽑을 테니 저기 나무 밑에 가서 한숨 자고 와."

차돌이가 어벙이의 밀짚모자를 쓰면서 말했어요. 어벙이는 얼른 나무 밑으로 가서 벌렁 누웠어요. 차돌이는 혀를 끌끌 차고는 쪼그려 앉아서 잡초를 뽑기 시작했어요.

"아, 그리고 내 부탁 잘 되고 있지?"

어벙이가 나무 밑에서 소리쳤어요.

"어, 걱정 마. 차곡차곡 모으고 있어."

오줌과 똥을 아무 데나 누지 말고 지정된 장소에 누라는 부탁이에요.

퇴비를 만든다고 볏짚 쌓은 곳으로 꼭 와서 누라는 거예요. 대장과 차돌이는 귀찮았지만 일부러 퇴비 만드는 곳까지 와서 볼일을 봤어요. 어벙이 기분을 상하게 했다가 머슴을 확 그만두면 낭패니까요. 어벙이가 착하긴 해도 한번 수틀리면 고집을 꺾을 수 없거든요.

"대장, 오늘은 소서라 민어매운탕을 끓였어요. 애호박 넣고 보글보글."

"수제비는 넣었냐?"

"그럼요."

매우면서 달콤한 민어매운탕을 먹으니 밥 한 공기가 눈 깜짝할 새에 사라졌어요.

"개울에 담가 놓은 수박 건져 와라."

시원하고 달콤한 수박을 한입 먹으니 매운 기가 사라졌어요.

수박은 어젯밤에 서리해 온 것이었어요. 한동안 담을 안 넘었으니 수박 서리는 좀 봐줘도 되겠죠?

"복, 복, 복날인데 특별식 안 해줘?"

염소뿔도 녹는다는 대서예요. 무더위와 장마 때문에 일손을 좀 쉬게 되자 어벙이는 산채로 올라왔어요. 그러고는 복날 타령을 하면서 몸보신 시켜 달라고 야단이에요.

"알았어. 이따 복달임 하러 가자."

"야호!"

복달임을 한다는 건 음식을 장만해서 계곡을 찾아가 술과 음식을 먹고 노는 걸 말해요. 어벙이는 뜨끈한 삼계탕과 개장국을 떠올리며 군침을 흘렸어요.

말복이 지나자 언제 더웠나 싶게 아침저녁으로 기온이 뚝 떨어졌어요. 이제는 김장용 무와 배추를 심어야 한다며 어벙이는 밭둑을 올렸어요. 차돌이도 어벙이를 따라서 돕다 보니 제법 농사일이 몸에 밴 것 같았어요. 비법만 알아내면 정말 제대로 농사를 지을 수 있을 것 같았죠.

국화 향에 취하다

"내가 저번에 보니까 황부자가 어떤 책을 보던데. 혹시 거기에 비법이 적혀 있는 것은 아닐까?"

어벙이가 갑자기 생각난 듯이 말했어요.

"그래? 그 책을 어디에 두는지 알아?"

"아니, 난 사랑채에 못 들어가니까 모르지."

어벙이는 고개를 저었어요.

"그럼 기회 봐서 어디에 두는지 알아 와. 그것만 알아내면 너 머슴 그만두어도 돼."

차돌이가 말하자 어벙이는 겅중거렸어요.

"진짜지? 그것만 알면 되는 거지?"

그동안 농사일이 정말 힘들었나 봐요.

이제 논밭의 오곡이 익어 가고 있어요. 어벙이는 '어정 7월 건들 8월'이란 말이 실감이 났어요. 5월에는 발등에 오줌 눌 정도로 바빴는데 이젠 잘 익기만 기다리면 되니까요. 백중이 되자 김매느라 손보지 못했던 호미를 씻어 창고에 넣었어요.

"하늘이 왜 흐려지지? 비가 오면 안 되는데."

어벙이가 하늘을 보며 말했어요. 차돌이는 뭔 소리인가 싶어서 눈을 끔

쩍거렸어요.

"아, 황부자가 처서에 비가 오면 십 리에 천 석을 감한다 했어. 날씨가 시원해져서 좋긴 한데. 비 오면 흉년이 될 수도 있대."

"괜찮을 거야. 저건 비구름이 아니니까 걱정하지 마."

차돌이는 어벙이를 새삼스레 바라보았어요.

"아직 황부자의 비법서가 어디 있는지 모르겠어. 추분까지는 추수를 해야 해서 살필 여유가 없네."

"일단 가을걷이 끝나고 좀 한가할 때 살펴보도록 해. 힘내고."

차돌이는 어벙이의 어깨를 두드려 주었어요.

"보름 후에 대장이랑 같이 내려와. 추수 끝나고 잔치를 벌일 거래. 그때 와서 배터지게 먹자고."

"그때면 한로네. 국화전도 지지고 국화술도 맛보겠는데? 기대된다."

차돌이는 군침을 삼키며 말했어요.

"추어탕도 제맛이지."

어벙이가 입을 쩍쩍 다셨어요. 미꾸라지탕을 추어탕이라고 하는데 '가을에 누렇게 살찌는 물고기'라는 뜻이랍니다.

차돌이도 나름 바빴어요. 산나물을 뜯어서 말리고 호박고지, 박고지, 깻잎, 호박순, 고구마순도 말렸지요. 올 겨울을 대비해서 미리 준비를 해야 했거든요. 날은 점점 추워졌어요.

황부자네 곳간에는 쌀가마니가 쌓여 갔고 타작마당에는 볏단이 산처럼 쌓였어요.

"이제 알아냈어. 늘 읽고 책상 밑으로 밀어 넣더라고."

어벙이가 시루떡을 들고 산채로 올라왔어요.

"이렇게 와도 되는 거야?"

"응, 햇곡식으로 시루떡을 만들어서 집 안 여기저기에 놓았어. 소한테

도 주고. 이웃에 나눠 주라고 해서 가지고 왔어."

"벌써 입동이구나. 겨울이 다가오기 전에 얼른 비법서를 훔쳐야겠다."

"내일 모레에 제사 준비로 황부자가 어디 좀 다녀온다고 했어."

어벙이가 말하자 차돌이가 손가락을 탁 튕겼어요.

"바로 그때야. 그날 비법서를 훔치자."

모처럼 담 넘을 생각에 대장과 차돌이, 어벙이는 설레었어요. 너무 오랜만이라 걱정도 되었고요. 그래서 셋은 머리를 맞대고 계획을 짰어요. 대장은 망을 보고 어벙이가 안에서 신호하면 차돌이가 담을 넘기로 했어요.

드디어 결전의 날. 차돌이는 아침부터 두근거려서 밥이 넘어가지 않았어요. 대장은 배탈이 났는지 화장실을 들락거렸어요.

"괜찮겠어요, 대장?"

"이까짓 배탈. 화장실 몇 번 가면 끝이지. 걱정 마."

드디어 어벙이의 신호를 받아서 차돌이가 담을 넘었어요.

대장은 까치발로 담 너머를 보다가 배에 힘이 들어갔어요.

"아우, 잠깐 화장실 다녀와도 괜찮겠지?"

아뿔싸, 대장이 자리를 비운 사이 황부자가 돌아왔어요. 그것도 모르고 어벙이와 차돌이는 사랑채에 들어갔지요. 책상 밑에 숨겨 놓은 비법서를 찾아 불빛에 비추어 보았어요.

"웬 놈들이냐!"

갑자기 사랑채 문이 벌컥 열리면서 황부자가 나타났어요. 어벙이와 차돌이는 순간 얼어붙었지요.

"아니, 어벙이 네가 여기서 뭐하는 게냐? 그리고 넌 누구냐?"

황부자가 호통치자 어벙이는 무릎을 꿇었어요. 차돌이도 얼른 무릎을 꿇었어요.

"사실 저희가 도둑인데 이제 도둑일을 접고 농사를 짓고 싶어서요. 이 비법서만 마지막으로 훔치려고 했던 건데 정말 잘못했습니다."

차돌이는 싹싹 빌었어요. 어벙이도 옆에서 같이 빌었어요.

이때야 돌아온 대장은 담 너머에서 어쩔 줄 몰랐어요.

가만히 모든 이야기를 듣고 있던 황부자는 엄한 표정으로 말했어요.

"잘못은 잘못이니 벌을 받아야지."

"비법만 알려 주신다면 어떤 벌이든 달게 받겠습니다."

차돌이가 당차게 말했어요. 황부자는 눈썹을 찌푸렸어요.

"그럼 날 위해 뭘 좀 알아와야겠구나. 목숨을 걸어야 할지도 모르는데 할 수 있겠느냐?"

"네, 뭐든 하겠습니다!"

차돌이가 벌벌 떠는 어벙이를 보고 얼른 나섰어요. 어차피 도둑으로 잡힌 것, 맞아 죽나 황부자가 시키는 일을 하다가 죽나 마찬가지였거든요.

황부자는 빙그레 웃었어요. 도대체 무슨 일일까요?

경칩날 개구리 알을 먹어야 건강하다고?

경칩에는 겨울잠 자던 동물들이 꿈틀거리며 깨어나기 시작합니다. 개구리는 물이 괸 곳에 알을 낳는데 그 알을 먹으면 허리 아픈 데도 좋고 몸을 보할 수 있다고 해요. 그래서 경칩날에 개구리 알이나 도롱뇽 알을 떠서 먹는 풍습이 있답니다. 또 경칩 날에 흙일을 하면 좋다고 해서 벽에 흙을 바르거나 담을 쌓기도 해요. 이때 흙벽을 바르면 빈대가 사라진다고 하는데 빈대가 심한 집은 물에 재를 타서 그릇에 담아 방 네 귀퉁이에 놓아두면 빈대가 없어진다고도 해요.

또 경칩 때 남녀 간에는 사랑을 확인하기도 했답니다. 사랑의 정표로 은행을 선물로 주고받으며 나누어 먹었어요. 은행나무는 암나무와 수나무가 따로 있는데 서로 바라보고만 있어도 열매를 맺는다 하여 순결한 사랑을 의미한대요.

개구리알

은행

과일도 제맛 나는 때가 다 정해져 있다고?

요즘은 제철 과일의 구분이 없이 과일을 살 수 있지요. 하지만 과일도 다 가장 맛나는 때가 정해져 있어요. 중복에는 참외, 말복에는 수박, 처서에는 복숭아, 백로에는 포도가 가장 맛이 있다고 합니다. 백로에서 추석까지는 포도순절이라 할 정도로 포도가 맛이 있어요. '맏며느리가 햇포도를 통째로 다 먹으면 아이를 많이 낳는다'는 말이 있어서 첫 포도를 따면 사당에 고한 후에 맏며느리가 통째로 한 송이를 다 먹었답니다.

조선백자에 포도 문양이 많은데 이것도 아이를 많이 낳으라고 안방에 놓아 두는 주술 단지였어요.

대서 즈음에 비가 많이 오면 과일의 단물이 빠져서 맛이 없어지고 가물면 과일이 맛있어진답니다.

백자
18세기 백자철화 포도무늬 큰항아리

황부자의 농사 비법을 캐내라

24절기와 농사 달력

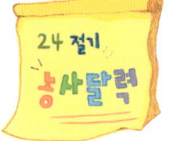

24절기와 농사 시기는 아주 밀접한 관계를 가지고 있지요. 24절기는 태양의 움직임에 따라 나누어 놓았기 때문에 기온과 날씨를 잘 나타내고 있어요. 일종의 농사 달력이라고 할 수가 있지요. 그래서 절기 이름만 보아도 날씨를 짐작할 수 있답니다. 농민들은 24절기에 맞춰서 미리 날씨를 예상하고 그에 맞게 준비를 할 수 있었답니다.

입춘에는 보리뿌리를 뽑아서 한 해의 농사가 어떻게 될지 점을 쳐 보았어요

우수에는 논과 밭에 불을 놓아서 해충의 알을 죽였어요.

경칩에는 보리싹을 보고 풍년이 될지 흉년이 될지 알아보았어요.

춘분에는 애벌갈이를 하고 화초의 씨를 뿌렸어요.

청명에는 논밭을 가래질 하고 보리밭을 매고 씨앗을 뿌렸어요.

곡우에는 못자리에 쓸 볍씨를 담갔어요.

입추에는 참깨와 옥수수를 수확하고 병충해를 막기 위해 약을 뿌렸어요.

추분에는 목화와 고추를 따고 나물을 말렸어요.

소서에는 논의 피를 뽑고 퇴비를 만들었어요. 콩이나 조, 팥 등은 이모작까지 가능했어요.

한로에는 오곡백과를 수확했어요.

입하에는 잡초를 뽑고 해충을 없앴어요.

하지에는 장마가 시작되었어요.

상강에는 한 해 농사를 마무리 지었어요.

소만에서 **망종**까지는 보리를 베고 모내기와 김매기를 했어요.

소설에는 타작한 벼를 말려서 곳간에 쌓고 무말랭이나 호박오가리를 만들고 곶감을 매달았어요.

절기에 따라 농사짓기

차돌이가 농사를 짓기 시작합니다. 그런데 어느 절기에 무엇을 해야 하는지 기억이 나질 않아요. 각 단계에 알맞은 절기를 맞춰야 다음 농사일을 진행할 수가 있어요. 차돌이가 풍작에 성공할 수 있도록 적절한 절기에 ○를 그려 주세요.

시작
차돌이가 농사를 지어요.

보리 베기
곡우 vs 소만
( )   ( )

씨앗 뿌리기
청명 vs 춘분
( )   ( )

추수하기
한로 vs 동지
( )   ( )

모내기
망종 vs 대한
( )   ( )

퇴비 만들기
소서 vs 추분
( )   ( )

도착
곳간에 곡식이 가득해졌어요.

정답: 청명, 곡우, 망종, 소서, 한로

3장
골목대장 개똥이는 왜 1년 내내 심심하지 않을까?

🧒 개똥이를 찾아라!

"정말 천만다행이다. 관아로 넘겨졌다면 무사하지 못했을 텐데."
무사히 돌아온 차돌이를 보고 대장이 말했어요.
"그러게요. 근데 대신 해야 할 일이 있어요."
"그게 뭔데?"
"황부자의 손자 개똥이를 돌보래요. 다치지 않게 절대 눈 떼지 않고 잘 지키라고."
"그깟 아이 하나 지키는 게 무슨 문제라고. 암튼 정말 다행이다. 근데 애 이름이 왜 개똥이야? 좋은 이름도 많은데."
　대장이 쿡쿡 웃었어요.

"진짜 이름은 따로 있어요. 워낙 또래보다 작고 약해서 오래 건강하게 살라고 일부러 개똥이라고 부르는 거예요."

"그래? 어쨌든 애들이야 말 안 들으면 한 대 쥐어박으면 되잖아."

대장은 웃었지만 차돌이는 왠지 기분이 이상했어요.

개똥이란 아이와 잘 지낼 수 있을까요?

대장과 이야기를 마친 후 차돌이는 황부자네로 갔어요. 행랑채에서 짐을 풀고 있는 차돌이를 어벙이가 불렀어요.

"차돌아, 차돌아! 빨리 나와 봐. 개똥이가 없어졌어."

"뭐? 아까 들어올 때 마당에 있었잖아. 잘 보고 있으라니까!"

"잘 보고 있었지. 잠깐 장작 나르는 사이에 사라진 걸 어떡해."

차돌이는 한숨을 푹 내쉬었어요. 머슴일도 해야 하는 어벙이한테 개똥이를 보라고 한 것이 잘못이었지요.

"알았어. 내가 찾아볼 테니 넌 네 볼일 봐."

"멀리는 못 갔을 거야. 힘내."

차돌이는 서둘러 집을 빠져나왔어요.

"어디로 갔을까? 연을 날리러 언덕으로 갔나, 아니면 개울가로 갔나?"

차돌이는 개똥이가 할 만한 놀이를 떠올리며 달렸어요. 하늘을 보니 연은 보이지 않았어요.

조금씩 해가 지고 있었어요. 어두워지기 전에 찾아야만 했어요.

"개똥, 아니 도련, 이놈의 꼬맹이 잡히기만 해 봐라."

동네를 한 바퀴 돌고 나니 금세 어둑어둑해졌어요. 그때 언덕 쪽에서 소리가 들렸어요.

"와아!"

한 떼의 아이들이 언덕에서 달려 내려오고 있었어요. 모든 아이들 얼굴에는 종이 탈이 씌어 있었어요. 저마다 바지는 헐렁하게 입고 한 손에는 횃불을 들고 다른 손에는 방망이를 들고 있었어요. 어른들이 말리는 도깨비놀이를 시작한 거예요. 저 속에서 개똥이를 어떻게 찾을까요? 차돌이는 아이들과 반대편에서 아이들 쪽으로 손을 흔들었어요. 한 아이가 차돌이를 보더니 움찔했어요. 맨 앞에서 가장 크게 소리 지르고 방망이를 휘두르는 아이. 그 아이가 바로 개똥이였어요.

　차돌이는 얼른 개똥이에게로 다가갔어요. 혹시라도 언덕에서 구르기라도 하면 큰일이니까요. 차돌이를 본 개똥이는 방향을 틀었어요. 차돌이는 서둘러 개똥이 뒤로 가서 번쩍 안아 들었어요.

"내려놔."

"안 돼요. 위험한 놀이는 금지예요."

　차돌이는 개똥이를 안고 집으로 돌아왔어요.

"놀러 나갈 때는 꼭 나랑 함께 가야 해요. 어떤 놀이를 할 건지도 허락받아야 하고요. 위험한 놀이는 절대 안 돼요."

"내 맘대로 놀 거야."

"안 돼요. 황부자 어른의 지시니까 어쩔 수 없어요."

　차돌이는 딱 잘라 말했어요. 개똥이는 씩씩거렸어요.

　그 다음날부터 매일 아침마다 차돌이와 개똥이는

술래잡기를 했어요. 차돌이 몰래 도망 나가려는 개똥이와 끝까지 따라가려는 차돌이.

"좋아. 최대한 조심할 테니까 제대로 놀게 해 줘. 안 그럼 일부러 다칠 거야."

개똥이가 의견을 냈어요.

"정말 다치지 않게 조심만 한다면 나도 지켜보는 걸로 할게요."

서로 의견을 조절하자 좀 편해졌어요. 차돌이는 개똥이가 노는 걸 하루 종일 지켜봤어요. 처음에는 남이 노는 걸 무슨 재미로 보나 싶었는데 이

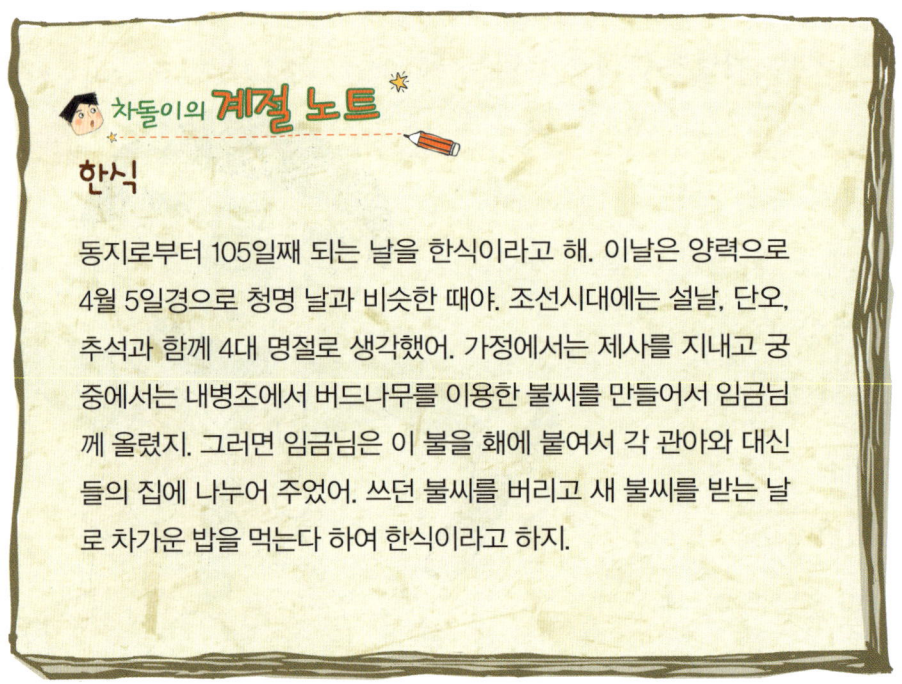

차돌이의 계절 노트

한식

동지로부터 105일째 되는 날을 한식이라고 해. 이날은 양력으로 4월 5일경으로 청명 날과 비슷한 때야. 조선시대에는 설날, 단오, 추석과 함께 4대 명절로 생각했어. 가정에서는 제사를 지내고 궁중에서는 내병조에서 버드나무를 이용한 불씨를 만들어서 임금님께 올렸지. 그러면 임금님은 이 불을 홰에 붙여서 각 관아와 대신들의 집에 나누어 주었어. 쓰던 불씨를 버리고 새 불씨를 받는 날로 차가운 밥을 먹는다 하여 한식이라고 하지.

게 웬일이에요? 개똥이는 골목대장이었어요. 날마다 뭔 놀이를 새롭게 찾아서 하는지 따라다니는 차돌이까지 놀이에 끼고 싶었어요. 도대체 무슨 놀이를 하냐고요? 깡통차기, 제기차기, 비석치기, 투호놀이, 팽이치기, 연날리기, 다리헤기, 독장수놀이, 눈싸움, 그림자놀이 등 온갖 놀이를 하다 보면 하루해가 짧았어요.

차돌이는 개똥이의 머릿속에는 놀이만 가득 찼나 보다 생각했어요. 동네 아이들이 다 개똥이만 따라다녔어요.

심심할 틈이 어딨어?

"오늘은 무슨 놀이를 할 거예요?"
"흠, 오늘이 납일이니까 새잡이 가야겠네."
"납일이요?"
"동지로부터 세 번째 날이 납일이잖아. 오늘 새를 잡아서 구워 먹어야 아이들이 병에 걸리지 않는다고."

개똥이는 콩과 대광주리 등을 챙겼어요.
"새잡기라면 내가 좀 하는데. 오랜만에 솜씨 좀 보여 줘야겠네."

차돌이도 신 나서 따라나섰어요. 발자국이 없는 하얀 눈 위에 쌀을 점점이 뿌리고 한쪽에 대광주리를 세워 놓았어요. 그 안에 쌀을 한 줌 뿌려 놓고 버팀 나뭇가지에 실을 묶어 놓았지요. 이제 숨을 죽이고 기다리기만 하면 돼요. 새가 쌀을 먹으러 대광주리로 들어가면 실을 확 당길 거예요. 차돌이는 새총을 준비했어요. 백발백중 명사수까지는 아니더라도 예전에 꽤 잡아 봤거든요.

"야호!"

새를 두 마리나 잡았어요. 대광주리로 참새 한 마리, 새총으로 꿩 한 마리 이렇게 두 마리요. 차돌이는 으쓱해졌어요.

꿩은 설날 떡국 끓일 때 사용하기로 했어요. 꿩고기가 든 만두와 떡국 생각만 해도 군침이 돌았어요.

그믐날이 되자 개똥이는 밤 마실 준비를 했어요.

"다 저녁에 어딜 가려고요?"

"오늘이 그믐날이니 자정에 '대불놓기'를 해야잖느냐? 어여 따라오너라."

개똥이는 푸른 대나무에 불을 붙였어요. 대나무가 퍽퍽 터지는 소리에 차돌이는 깜짝깜짝 놀랐어요.

"꼭 이런 걸 해야 해요?"

"이렇게 시끄러워야 악귀들이 물러가는 거야."

대나무는 신 나게 타 들어갔어요.

"도련님, 오늘은 신발 꼭 감추고 자야 해요. 문 앞에 체는 내가 걸어 둘 테니 염려 말고 자요."

야광귀신은 설날 밤에 마을에 내려와 자기 발에 맞는 아이의 신을 신고 간다는 귀신이에요. 호기심이 많고 세는 걸 좋아해서 문 앞에 체를 걸어 두면 밤새 체 구멍을 세다가 해 뜨는 것에 놀라 도망간대요.

"내가 애로 보이냐?"

개똥이는 발끈했지만 신발을 들고 방으로 들어갔어요. 차돌이는 피식 웃으며 개똥이 방문에 체를 걸어 놓았어요.

설날 이후로 한동안 개똥이는 연날리기에 빠져 있었어요. 대나무 살을 종이에 붙여서 네모난 방패연을 만들었어요. 실에는 유리가루를 발랐어요. 누가 높이 날리나로 시작해서 어느 순간 연싸움으로 변해 있었지요. 높이 떠 있는 연들이 서로 얽히며 서로의 연줄을 끊어 내는 거였어요. 개똥이는 바람의 방향을 잘 읽었어요. 높이 떠 있던 연이 갑자기 방향을 틀면서 상대편 연줄을 얽어서 끊어 버리곤 했지요. 차돌이는 덩달아 신이 났어요.

정월 대보름이 다가오자 개똥이는 들썩거렸어요.

"개똥아, 오늘밤에 누가 오더라도 모르는 척해라. 괜스레 소란 떨지 말고 조용히 있어라."

황부자가 개똥이에게 말했어요. 대보름 전날 부잣집에 몰래 들어가 흙을 퍼다가 자기집 부뚜막에 이겨 바르면 부잣집의 복이 굴러 들어와 1년 동안 운수대통이라는 말이 있거든요. 그걸 '복토 훔치기'라고 해요. 개똥이는 그 사람들을 골탕 먹일 생각을 했어요. 그걸 황부자도 미리 알고 있었어요.

"복은 나누면 더 커지는 법이다. 복토 훔치기 하는 사람들을 그냥 모른 척해라."

황부자는 대신 개똥이에게 쥐불놀이를 허락해 주었어요. 물론 차돌이가 옆에 있다는 조건을 붙였죠. 개똥이는 나무를 묶어서 다발을 만들었

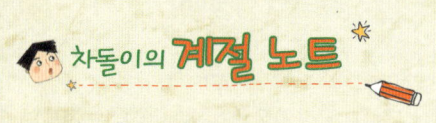

우리나라의 명절

동양에서 홀수는 완전한 숫자이고 좋은 기운이 많은 숫자라고 생각했어. 그래서 길한 숫자인 홀수가 두 번 겹치는 날을 명절로 삼았지. 1월 1일은 설날로, 3월 3일은 삼짇날로 그리고 5월 5일은 단오, 7월 7일은 칠석, 9월 9일은 중양절로 맛있는 음식을 먹으며 즐겁게 지냈어. 그리고 보름달을 신성하게 생각했어. 그래서 정월 첫 보름날을 대보름날이라 하여 한 해를 잘 보내기를 기원하였지. 8월 15일은 보름달이 가장 큰 때로 한가위라 하여 큰 명절로 지냈어. 한가위는 우리나라에만 있는 명절이야.

어요. 거기에 끈을 달아서 불을 붙인 후 빙글빙글 돌리면서 밭두렁을 내달렸어요. 불은 훨훨 잘 타올랐어요. 마을 여기저기에서 쥐불놀이를 하느라 불빛이 빙글빙글 돌았어요. 이렇게 해야 논밭에 있는 쥐가 사라지고 농작물에 병을 일으키는 해충들도 없어진답니다. 개똥이는 얼굴에 검댕을 잔뜩 묻히고도 신 나서 깔깔거렸어요.

개똥이가 복토 훔치기를 막지 못하도록 밤새 차돌이는 개똥이와 함께 있었어요. 차돌이가 깜빡 잠든 사이 닭이 울었어요.

"차돌아."

개똥이가 잠든 차돌이를 불렀어요.

"네?"

잠결에 차돌이가 대답을 했어요.

"내 더위 사라. 우하하!"

대보름날 아침인 걸 깜빡한 거예요. 이렇게 더위를 팔아야 그 해 더위를 먹지 않는다고 해요. 차돌이는 머리를 벅벅 긁고는 얼른 어벙이를 찾았어요.

"어벙아."

"내 더위 사 가라!"

이런, 어벙이가 먼저 말했어요. 차돌이는 올 여름에 남의 더위까지 다 먹게 생겼네요. 차돌이는 맛있는 오곡밥과 나물로 자신을 위로했어요. 삼삼오오 모여서 윷놀이도 하고 휘영청 보름달이 뜨자 남녀노소 할 것 없이 다리로 몰려갔어요. 달을 보면서 소원을 빌고 다리를 왔다 갔다 하는 다리밟기를 했어요. 다리밟기를 하면 일 년 동안 액운도 사라지고 다리병도 앓지 않는다고 해요. 마을사람들이 함께 만든 달집도 태우며 차돌이는 어서 산채로 돌아가 농사를 짓게 해 달라고 빌었어요.

개똥이 구워삶기

차돌이는 어떻게 하면 산채로 돌아갈 수 있을까 고민을 했어요. 황부자가 개똥이를 돌보라고 할 때 기한을 정하지 않았던 거예요. 차돌이는 황부자에게 직접 묻기로 했어요.

"언제 산채로 돌아갈 수 있나요? 입춘이 지나면 농사를 시작해야 하잖아요. 빨리 돌아가지 않으면 올해 농사를 지을 수 없어요."

황부자는 빙긋이 웃었어요.

"올해 못 지으면 내년에 지으면 되지. 내 집에서 생활이 불편하느냐?"

"그런 건 아니지만 산채에는 대장도 있고 우리들만의 생활도 있어서요."

"흠, 그럼 내가 내는 문제를 다 맞히면 돌려보내 주마."

황부자는 턱수염을 어루만졌어요.

"그럼 농사비법서도 주시는 거죠?"

"내가 내는 문제를 다 맞힌다면 비법서를 가질 자격이 있지."

차돌이는 설레었어요. 얼른 문제를 풀고 산채로 가고 싶었어요.

"입춘이니 올해 농사가 어떻게 될 지 알아오너라. 풍년이 될지 흉년이 될지 말이야."

황부자는 첫 번째 문제를 냈어요. 차돌이는 머리가 지끈거렸어요. 올해 농사가 어떻게 될지 알아내라니 그건 하늘님이나 알 수 있는 게 아니겠어요?

차돌이가 머리를 감싸 쥐고 있으니 개똥이가 찾아왔어요.

"나 놀러 나갈 건데 안 갈 거야?"

차돌이는 개똥이를 따라 나갔지만 계속 딴생각에 빠져 있었어요.

"대체 무슨 일이야?"

차돌이가 다른 생각에 빠져 있자 개똥이가 화를 냈어요.

"그게 올해 농사가 어떻게 될지 알아낼 방법이 없어서요."

"올해 농사가 어떻게 될 것 같냐고? 그게 뭐가 어려워?"

"어떻게 하는지 알아요? 알려 줘요!"

차돌이는 기운이 번쩍 났어요. 개똥이는 빙글빙글 웃었어요.

"그걸 그냥 가르쳐 줄 순 없지."

"그럼 내가 어떻게 해 주면 되나요?"

개똥이는 말없이 웃기만 했어요. 차돌이는 개똥이 비위를 맞추기 위해 노력했어요. 개똥이가 원하는 대로 착착 움직였지요. 얼음장 같은 개울에 뛰어들어 물고기를 잡아 올리기도 하고 꿩을 잡기 위해 산속을 헤매기

도 했어요. 차돌이는 슬슬 지치기 시작했어요.

"가르쳐 주기 싫으면 관둬요. 나 혼자 알아볼 테니."

차돌이는 단단히 화가 났어요. 이젠 개똥이가 불러도 쳐다도 안 볼 거예요. 차돌이가 자꾸 피하자 개똥이가 다가왔어요.

"이거면 알 수 있어."

개똥이가 보리싹을 뿌리째 내밀었어요. 차돌이는 이건 또 무슨 장난인가 싶었어요.

"보리 뿌리로 알 수 있어. 보리 뿌리가 세 가닥이면 풍년이고 두 가닥이면 평년, 한 가닥이면 흉년이래. 그리고 '보리싹이 입동에 두 갈래로 갈라져 있으면 보리 풍년이 든다'는 말도 있어. 봐봐, 올해 보리 농사는 풍년이네."

차돌이가 살펴보니 보리 뿌리가 세 가닥이었어요.

"그럼 다른 곡식들은요?"

"입춘 날씨에 따라 점치기도 해. 책에 써 있기로는 입춘에 비가 내리면 오곡에 해를 입히고, 입춘날 맑고 따뜻하면 곡식이 잘 익고, 입춘날 흐리고 비가 오면 그 해는 벌레들이 벼와 콩을 해친다고 해."

개똥이의 말에 차돌이는 입이 헤 벌어졌어요. 어린아이가 어찌 그리 많은 것을 알고 있는지. 장난꾸러기이기는 하지만 사람들이 개똥이를 신동이라고 하는 이유를 이제야 알 것 같아요.

차돌이는 개똥이에게 더욱 잘했어요. 아마 두 번째, 세 번째 문제도 개똥이 도움을 받으면 쉬울 것 같았어요. 차돌이의 마음은 벌써 산채로 가 있었어요.

 토론왕 되기!

옛날 아이들은 무엇을 하며 놀았을까?

컴퓨터도 없고 게임기도 없었던 옛날, 아이들은 무슨 재미로 살았을까요? 동글납작한 돌로 공기놀이도 하고 개울가에서는 물수제비뜨기를 했어요. 활을 그릇에 던져 넣는 투호놀이, 돌을 발로 차서 비석을 쓰러뜨리는 비석치기, 돌을 넣어 만든 제기를 누가 더 많이 차는지 시합하는 제기차기, 나뭇가지를 쳐서 날리는 자치기, 누가 더 오래 돌리나 팽이치기, 겨울에는 꽁꽁 언 밭에서 썰매타기를 했어요. 주변에서 쉽게 구할 수 있는 물건으로 여러 가지 놀이를 할 수 있었답니다. 계절에 따라 봄나물 뜯기, 다양한 꽃 찾기, 올챙이 잡기, 메뚜기 잡아 구워 먹기, 여러 종류의 풀을 뜯어 와서 서로 누가 더 많은 종류를 찾았는지 시합하는 풀싸움, 감따기, 고구마 캐기 등 놀이를 하느라 하루 종일 개울과 산, 들을 헤매고 다녔어요.

어른들과 함께 하는 놀이로는 쥐불놀이, 윷놀이, 화전놀이, 연등놀이, 고싸움, 씨름, 그네타기 등이 있었답니다. 그 밖에 명절에 따라 지역에 따라 다양한 놀이가 더 있었어요.

고싸움

쥐불놀이

24절기와 세시 풍속은 다르다

우리나라 최대 명절인 추석은 절기일까요?

설, 한식, 단오, 추석은 우리나라 4대 명절입니다. 이런 명절은 절기와 같은 것일까요? 흔히들 명절과 절기를 헷갈리곤 하는데 명절과 절기는 엄연히 달라요. 24절기는 태양의 움직임에 따라 1년을 24가지로 나누어서 계절의 변화를 나타낸 것이고 명절은 음력 날짜를 기준으로 하여 행해지는 잔칫날이지요. 명절은 다른 말로 아름다울 가(佳) 자를 써서 가절이라고도 하는데 말처럼 잘 먹고 즐기는 날이랍니다. 세시 풍속은 음력을 기준으로 하여 다달이 행해지는 의례로 연중행사라고도 할 수 있어요. 우리나라는 홀수가 겹치는 날을 좋은 날이라고 하여 마을 사람들이 모여 일을 쉬고 제철의 음식과 놀이를 즐기는 모처럼의 잔칫날로 삼았어요. 매달 보름달이 뜨는 날도 좋은 날로 여겼지요. 정월대보름이나 백중, 추석 등이 그 예랍니다.

정월대보름
정월대보름은 가장 큰 보름이라는 뜻이다. 명절 중에 보름달과 관계된 것이 많은데, 우리 조상이 얼마나 보름달을 좋아하고 그 의미를 기리고 싶어 했는지 알 수 있다.

절기와 세시 풍속 ❶

절기와 세시 풍속은 같지 않지만 계절이나 달별로 그때에 맞는 놀이와 음식을 즐겼다는 점에서 관계가 있답니다. 절기에 따라서 날씨가 변하고 그 변화에 따라 계절에 맞는 음식과 놀이를 즐긴 것이 세시 풍속이 된 것이지요.

설날 (음력 1월 1일)

웃어른께 세배하고 덕담을 들었지요. 복조리를 사서 집에 걸어 두고 일 년 동안 모은 머리카락을 태우면서 한 해 동안 건강하기를 빌었답니다. 가족들이 모여서 윷놀이와 연날리기를 하고 떡국을 끓여 먹었어요. 떡국은 꿩고기로 끓였는데 꿩이 귀해지자 대신 닭으로 국물을 내었어요. 그래서 '꿩 대신 닭'이란 말이 나왔답니다.

정월대보름 (음력 1월 15일)

호두나 땅콩, 잣, 은행 등 딱딱한 껍데기가 있는 열매를 깨무는 부럼 깨물기를 했어요. 달맞이 하기 전에 만들어 놓은 나무집을 태우는 달집태우기로 나쁜 것들을 훨훨 태워 보냈답니다. 한 해 더위를 친구에게 팔기도 하고 어머니들은 대보름 새벽에 동네 우물에서 첫 우물 물을 뜨면 좋다고 하여 밤잠을 설치셨답니다. 다리밟기와 쥐불놀이 등으로 건강과 농사를 위한 준비를 하고 오곡밥과 묵은 나물을 먹고 귀밝이 술을 마셨답니다.

머슴날 (음력 2월 1일) 봄맞이 대청소를 하고 머슴들에게 용돈과 음식을 주어 즐겁게 놀도록 했답니다. 그래야 한 해 농사를 열심히 짓는다고 해서요.

삼짇날 (음력 3월 3일) 따뜻한 봄이 되어 '강남갔던 제비가 돌아오는 날'이라고도 해요. 이날에는 꽃놀이를 하러 들로 산으로 갔어요. 화전과 수면을 만들어 먹고 이때 장을 담갔어요.

초파일 (음력 4월 8일) 소원을 담은 등을 거는 연등놀이와 탑을 돌며 기도하는 탑돌이를 했어요. 느티나무 잎으로 만든 느티떡과 미나리강회를 먹었답니다.

단오 (음력 5월 5일) 창포물로 머리를 감고 그네뛰기와 씨름을 했어요. 수리떡과 앵두화채를 먹었지요.

절기와 세시 풍속 ❷

유둣날 (음력 6월 15일) 더위를 식히기 위해 산과 계곡으로 물놀이를 간답니다. 유두면을 만들어 먹었어요.

칠석날 (음력 7월 7일) 견우와 직녀가 만나는 날이지요. 그날은 긴 장마가 끝날 무렵이라 쇄서폭의라 하여 책과 옷을 꺼내어 햇볕에 말렸어요. 그리고 밀전병을 만들어 먹었지요.

백중 (음력 7월 15일) 백 가지 종류나 되는 씨앗을 갖춘 날이라고 하지요. 이날은 그동안 고생한 머슴들을 위한 날로 음식과 돈을 주어 위로를 했답니다.

한가위 (음력 8월 15일)
조상에게 차례를 지내고 성묘를 갔다 옵니다. 강강술래를 하고 송편을 빚어서 토란국과 함께 먹었어요.

중양절 (음력 9월 9일)
단풍구경을 하러 가을 산행을 하고 차례를 지냈답니다. 국화전과 국화주, 국화차를 먹었어요.

동지 (양력 12월 22일경)
동지헌말이라 하여 며느리들이 모여서 시어른께 드릴 버선을 만들고 팥죽을 끓여 먹었어요.

섣달그믐 (음력 12월 31일)
묵은세배를 드리고 한 해를 마무리 짓는 의식인 연종제를 지냈답니다. 부엌에 있는 남은 반찬이 그대로 해를 넘기는 것이 좋지 않다 하여 비빔밥을 만들어 먹었지요.

절기와 세시 풍속에 맞는 풍습과 음식 찾기

사다리를 타고 내려가다 보면 각 절기와 세시 풍속에 맞는 풍습과 음식을 찾을 수 있어요. 정답을 먼저 예상해 보고 사다리를 타면서 확인해 봅시다.

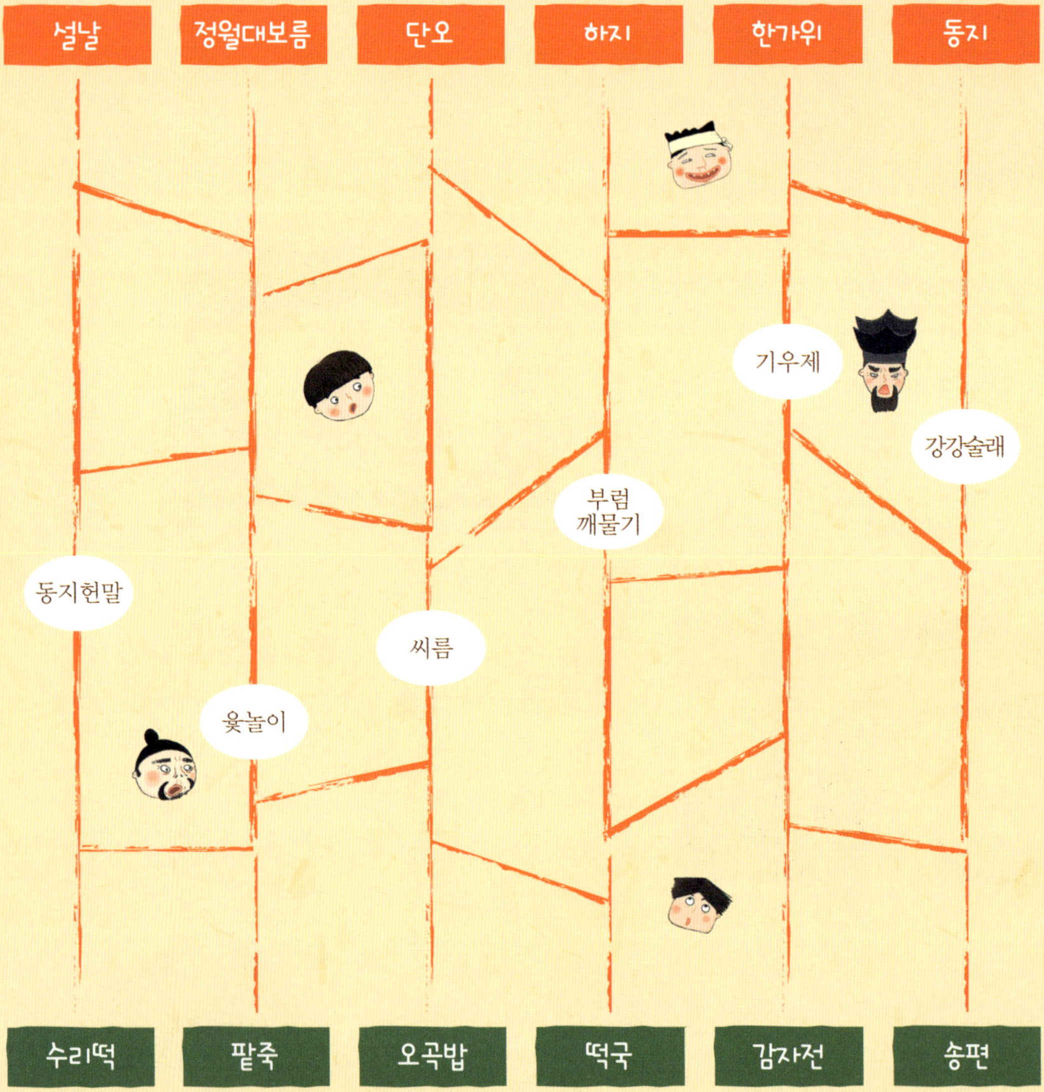

| 설날 | 정월대보름 | 단오 | 하지 | 한가위 | 동지 |

기우제
강강술래
동지헌말
부럼 깨물기
씨름
윷놀이

| 수리떡 | 팥죽 | 오곡밥 | 떡국 | 감자전 | 송편 |

서당에 나타난 도깨비

차돌이가 첫 번째 문제를 풀자 황부자는 고민을 했어요. 비법서를 그렇게 쉽게 넘겨주고 싶지 않았나 봐요. 더 어려운 문제로 차돌이를 골탕 먹여야겠다고 생각했는지도 몰라요.

"흠흠, 첫 번째 문제는 맛보기였다. 이제 두 번째 문제를 내주마. 농사를 잘 지으려면 때를 잘 알아야 한다. 그러려면 시간을 지배하는 방법을 알아야 하지. 그 방법을 알아오너라."

"네? 시간을 지배하는 방법이라고요? 그걸 제가 어떻게 알아요?"

"그럼 하는 수 없지. 비법서는 포기할 수밖에."

황부자는 수염을 쓰다듬었어요.

"그럴 수는 없어요. 어떻게든 알아오겠어요."

차돌이는 주먹을 불끈 쥐고 나왔어요. 어서 개똥이를 찾아서 물어보아야 했어요.

"차돌아."

어벙이가 뛰어왔어요.

"개똥이 어딨는지 알아?"

"빨리 빨리!"

어벙이는 듣지도 않고 차돌이의 손을 잡고 뛰었어요. 차돌이는 얼떨결에 어벙이를 따라 숨이 턱에 닿도록 달렸어요.

어벙이에게 끌려간 곳은 서당 담벼락이었어요.

"헉헉, 여긴 무슨 일로?"

어벙이는 대답 대신 담 너머를 가리켰어요. 차돌이는 무슨 일인가 싶어서 발뒤꿈치를 들고 담 안을 들여다보았어요.

"도, 도, 도깨비?"

차돌이는 말을 더듬었어요. 담 안에 노란 털을 가진 시커먼 도깨비가 개똥이를 안고 있었어요.

차돌이는 생각할 틈도 없이 담을 넘었어요. 개똥이를 안은 도깨비에게 달려들어서 그냥 머리로 받아 버렸어요. 쓰러지는 도깨비에게서 차돌이는 개똥이를 받았어요.

"차돌아, 왜 이래?"

"괜찮아요?"

개똥이는 차돌이를 밀치더니 도깨비에게 다가갔어요.

"존, 괜찮아요?"

도깨비는 툭툭 털면서 일어났어요. 차돌이는 얼른 개똥이를 잡아끌었어요.

"도깨비 잡아라!"

그때 어벙이가 몽둥이를 들고 뛰어들어왔어요.

"도깨비 아냐. 양인이야. 다른 나라에서 온 사람."

"사람이요? 도, 도깨비가 아니고?"

어벙이는 멍청하니 섰어요. 개똥이는 다시 한 번 도깨비를 보았어요. 밀가루처럼 하얀 얼굴에 노랑머리. 훈장님보다 머리 하나는 더 큰 키, 몸에 달라붙는 까만 옷을 입은 사람이었어요.

"하하, 그런 거였어? 존은 도깨비 아니야."

어벙이가 이리저리 살펴보며 한 바퀴 둘러보았어요.

"자세히 보니 사람 같기는 한데 정말 안 위험해요?"

"응, 안 위험해. 아주 멀리 바다 건너에서 온 사람이야. 학문 연구 때문에 훈장님과 할 이야기가 있어서 당분간 여기 머물 거래. 어때, 신기하지?"

"네, 신기해요. 세상에 저렇게 생긴 사람도 있네요."

차돌이는 입을 벌리고 쳐다보았어요. 그러다 양인과 눈이 마주쳤어요. 눈동자가 파랬어요. 차돌이는 몸이 부르르 떨렸어요.

"나 존이에요. 개동이 괜찮아요."

이상한 목소리가 들렸어요. 분명 조선말인데 어색하게 들리는 거였어요.

"죄송해요. 제가 뭘 몰라서."

차돌이가 머리를 긁적였어요. 노랑머리 사람이 손을 내밀었어요. 커다란 손에는 털이 수북히 나 있었어요. 차돌이는 넙죽 절을 하려 했어요. 개똥이가 말렸어요.

"손을 잡는 거야. 이걸 악수라고 한대."

개똥이가 차돌이의 오른손을 잡고 존에게 내밀었어요. 존은 차돌이의 손을 잡고 흔들었어요. 어벙이도 엉거주춤 서서 존과 악수를 했어요.

"저기, 난 일이 좀 있어서 먼저 가 볼게."

어벙이가 말하자 차돌이도 같이 가려고 했어요.

"너 아까 도련님 찾았잖아. 같이 와."

어벙이는 서둘러 돌아갔어요.

시간을 지배하는 방법

"근데 왜 날 찾았어?"

개똥이가 물었어요.

차돌이는 그때서야 황부자의 두 번째 문제가 생각났어요.

"저기……."

차돌이는 훈장님과 존의 눈치를 살폈어요.

"그게, 시간을 지배하는 방법이 뭔지 알아요?"

"시간을 지배하는 방법?"

개똥이도 고개를 갸웃거렸어요.

"농사를 잘 지으려면 때를 잘 알아야 한대요. 그래서 시간을 지배하는 방법을 알아내라 하시던데요."

개똥이도 모르는 것 같아서 차돌이는 불안했어요. 그때 훈장님이 헛기침을 했어요.

"시간을 지배하는 방법이라. 어려운 문제구나."

훈장님은 빙그레 웃었어요. 차돌이는 훈장님의 미소를 보자 희망이 생겼어요.

"훈장님, 아시는 거죠? 제발 알려 주세요."

차돌이는 냉큼 무릎을 꿇었어요.

"아, 이러지 않아도 알려 줄 테니 어서 일어나게."

훈장님은 차돌이와 개똥이, 그리고 존을 데리고 사랑방으로 들어갔어요. 모두 자리에 앉자 차돌이는 훈

제발, 알려 주세요!

장님을 뚫어져라 쳐다보았어요.

"시간을 지배한다는 것이 무슨 뜻인 것 같으냐?"

훈장님은 차돌이와 개똥이에게 물었어요. 차돌이가 고개를 갸웃거릴 때 개똥이가 말했어요.

"음, 때를 미리 알아서 대처한다는 것이 아닐까요?"

"아, 그렇군요. 농사를 잘하려면 미리 날씨라든가 변화를 알아야 하잖

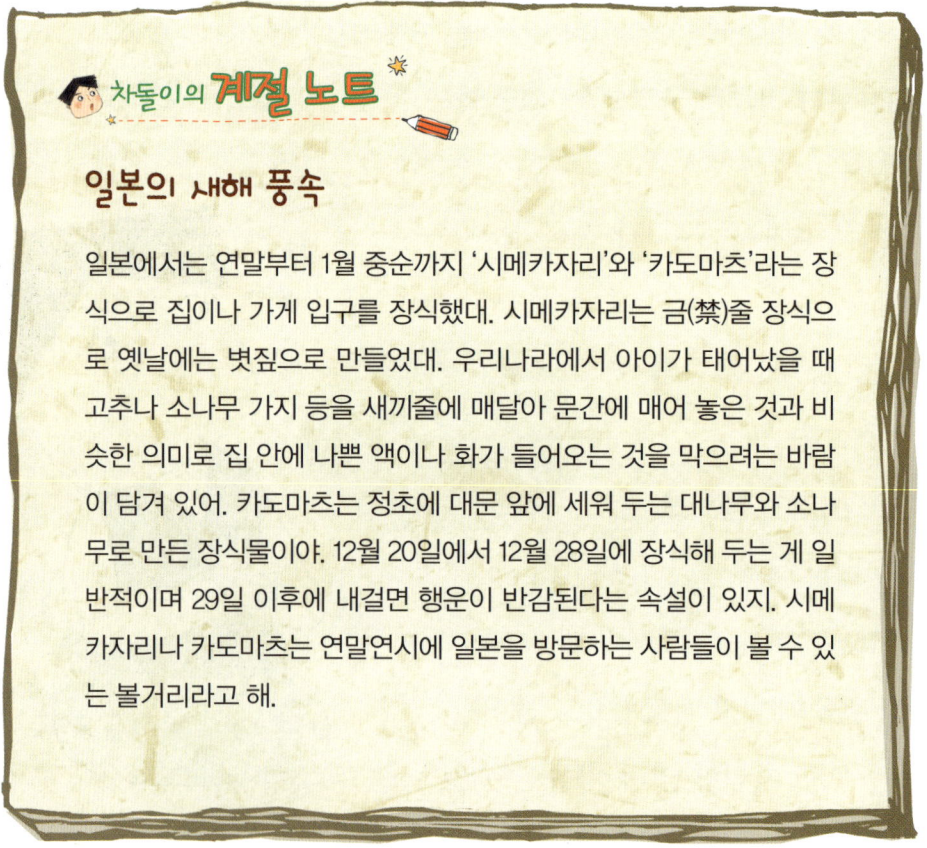

차돌이의 계절 노트

일본의 새해 풍속

일본에서는 연말부터 1월 중순까지 '시메카자리'와 '카도마츠'라는 장식으로 집이나 가게 입구를 장식했대. 시메카자리는 금(禁)줄 장식으로 옛날에는 볏짚으로 만들었대. 우리나라에서 아이가 태어났을 때 고추나 소나무 가지 등을 새끼줄에 매달아 문간에 매어 놓은 것과 비슷한 의미로 집 안에 나쁜 액이나 화가 들어오는 것을 막으려는 바람이 담겨 있어. 카도마츠는 정초에 대문 앞에 세워 두는 대나무와 소나무로 만든 장식물이야. 12월 20일에서 12월 28일에 장식해 두는 게 일반적이며 29일 이후에 내걸면 행운이 반감된다는 속설이 있지. 시메카자리나 카도마츠는 연말연시에 일본을 방문하는 사람들이 볼 수 있는 볼거리라고 해.

아요."

차돌이가 무릎을 탁 쳤어요.

"그렇지. 농사를 지으려면 미리 계절의 변화와 날씨를 알아서 대비를 해야 하지. 그렇다면 시간을 지배하는 방법이란 미리 그런 때를 알게 해 주는 것을 말하는 것이겠구나."

"아, 그럼 달력이네요?"

개똥이가 신 나서 소리쳤어요.

"달력?"

차돌이가 고개를 갸웃거렸어요.

"해와 달의 변화를 관찰해서 1년 365일을 나타내는 것을 말해. 1년을 열두 달로 나누고 각각 24절기를 함께 표시한 것이 달력이잖아. 그러니까 달력을 보면서 미리 때를 안다는 거지."

개똥이가 신 나서 이야기를 했어요.

"해와 달의 변화로 1년을 나타내었다고요?"

차돌이가 어리둥절해 하며 말했어요.

"응, 하루하루 시간이 가는 것을 태양과 달을 통해서 알 수 있지? 해가 뜨고 지면 하루라고 하잖아. 그런데 해는 날마다 뜨고 지는 모양이 같아서 날짜를 구분할 수는 없어. 그래서 날마다 모양이 변하는 달을 기준으로 한 달을 정한 거야."

"아, 그렇군요."

차돌이가 고개를 끄덕거렸어요.

"그렇게 계절 변화와 함께 1년을 나타내는 것을 역법이라고 하는 거야."

개똥이가 우쭐해서 말했어요. 차돌이는 기뻤어요. 이렇게 쉽게 두 번째 문제를 풀다니.

"그러니까 그 역법이 시간을 지배하는 방법이라는 거죠?"

차돌이는 신이 나서 말했어요.

"그렇지. 옛날에는 황제가 매일 해의 그림자 길이를 재었다고 한단다. 농사나 바다에 나가서 물고기를 잡는 활동, 그리고 사냥을 할 때도 다 때를 맞춰서 해야 하잖느냐? 그때를 알기 위해서 날마다 일어나는 변화를 기록한 것이지. 그렇게 시간을 구분하고 날짜의 순서를 매기는 방법을 역법이라고 한단다."

"역법."

차돌이는 입 안에서 자꾸 되뇌었어요. 잊어버리지 않고 기억하려고요.

"황제는 하늘로부터 백성을 다스릴 수 있는 힘을 받은 존재로 여겨진단다. 그래서 비나 바람 등을 다스릴 수 있어야만 했지. 비가 오지 않아서 흉년이 들거나 홍수가 나는 경우 다 임금의 덕이 부족한 탓이라고 하여 근신을 해야 했단다. 아주 옛날에는 흉년이나 가뭄이 들면 임금을 쫓아내기도 했지."

"아니, 어떻게 임금님을 쫓아내요? 그렇게 불충한 일을 할 수가 있어요?"

"그만큼 중요했다는 거야. 그러니 황제가 매일 해그림자를 잴 수밖에 없었던 거지. 특히 동지에는 황제가 신하들을 보내서 각종 악기를 연주하면서 해그림자를 재고 물의 양을 측정하곤 했단다. 모든 업무를 쉬고 하늘에 제사를 지내기도 했지. 황제가 시간에 대한 지배권을 가졌음을 보여 주는 거지."

"우와, 정말 중요하게 생각했군요."

"그렇게 태양과 별의 움직임을 관측하여 바로 계절과 시간의 흐름을 알고 있어야만 날씨의 변화에 대처할 수 있었던 거야. 역법을 잘 아는 것이 바로 시간을 지배하는 방법인 거지."

개똥이도 열심히 고개를 끄덕였어요.

"날짜는 달의 변화로 나타내잖아요? 그런데 해그림자 길이는 왜 재나요?"

"달이 보름달이 되었다가 초승달이 되고 다시 보름달이 되는 것을 기준으로 한 달을 만들었지. 그런데 그 시간이 29.5일로 일 년 12달을 해도 354일밖에 되지 않았단다. 그런데 계절의 변화는 입춘에서 다음 입춘까지 1년이 대략 365일이거든."

"그럼 열흘 이상 차이가 나잖아요?"

차돌이가 놀라서 이야기했어요.

"그러다 보니 달의 변화에 맞춘 날짜와 실제 계절이 맞지 않을 때가 있었지."

"그럼 그때는 8월에 눈이 오기도 했겠네요?"

개똥이가 장난스럽게 물었어요.

"허허허, 그랬을 거다. 그래서 윤달을 추가해서 1년이 13달이 되는 윤년을 대략 19년에 일곱 번씩 넣었단다. 거기에 태양의 움직임에 따라 24절기를 정해 놓았지. 그렇게 하면 날짜와 계절이 잘 맞게 되거든."

훈장님의 설명에 차돌이는 입을 떡 벌렸어요. 도대체 무슨 말인지 이해가 잘 되지 않았어요.

"그러니까 1년이 365일이 되도록 달을 하나 더 넣었다는 거야. 부족한 며칠을 채워 넣은 거지. 그리고 24절기도 함께."

개똥이가 옆에서 설명을 했어요.

"아, 그럼 24절기도 그렇게 시작된 거군요?"

"그렇지. 주나라 때부터 시작되었다고 하니까 그쪽 지역은 우리보다 좀 더 따뜻하고 봄, 가을이 길다고 하더구나. 그래서 우리나라하고 날씨가 안 맞을 때가 있지."

"소한이 대한보다 추운 것도 그래서죠?"

"그렇지. 주나라는 동지를 새해 첫날로 생각했단다. 동지는 해가 가장 짧았다가 다시 길어지는 날이라서 해가 죽었다가 다시 살아난다고 생각했어. 그래서 해의 생일이라고 했지."

"동지가 해의 생일이라니 재미있네요."

차돌이는 동지를 말하면서 팥죽이 떠올랐어요. 혼자 남몰래 침을 꿀꺽 삼켰어요.

"그럼 우리나라는 중국에서 역법을 배워 온 것인가요?"

개똥이가 물었어요.

"그렇지. 중국으로 보내는 사신인 동지사를 동지마다 보내서 새로운 해에 맞춘 달력을 받아 왔단다. 하지만 중국과 우리나라는 환경이 달라서 맞지 않을 때가 많았지. 그래서 세종대왕께서 우리나라에 맞는 역법을 만드신 거란다."

"그게 바로 『칠정산』이군요?"

"『칠정산』은 정말 대단하더군요. 중국과 서쪽 나라의 천문학까지 연구해서 조선의 실정에 맞게 만들었더라고요. 나는 그것을 연구하려고 여기에 왔어요."

가만히 듣고 있던 존이 말을 꺼냈어요.

"우와, 우리말을 참 잘하네요."

차돌이가 놀라워했어요.

존의 발음은 어색했지만 말은 알아들을 수 있었어요.

"열심히 배웠어요. 처음엔 어려웠지만 이젠 좀 잘할 수 있어요."

존은 천천히 또박또박 이야기를 했어요.

"그럼 존은 별을 연구하는 사람인가요?"

개똥이가 물었어요.

"네. 난 태양과 별을 연구해서 그 변화를 알아내는 사람이에요. 이곳은 우리나라와 별의 움직임이 달라서 연구할 것이 많아요. 당분간 여기에서 지내야 할 거예요."

"개똥아, 이제 집에 가 봐야 하지 않겠느냐? 저녁 시간이 되었구나."

훈장님이 바깥을 보더니 말했어요. 이런, 벌써 저녁 먹을 시간이 되었어요. 얼른 들어가지 않으면 황부자에게 혼이 나겠어요.

"그럼 다음에 또 와서 이야기 듣겠습니다."

차돌이는 큰절을 올렸어요. 존은 한사코 절을 받지 않으려 했지만요. 차돌이는 개똥이를 업고 날듯이 달려서 집으로 갔어요.

달은 왜 매일 모양이 바뀔까?

달은 스스로 빛을 내지 못해요. 태양의 빛을 받아서 반사를 하는 것이지요. 그러다 보니 태양과 지구, 그리고 달의 위치에 따라 태양 빛을 받는 부분이 달라진답니다. 달이 태양과 지구 사이에 있을 때를 그믐달이라고 하는데 지구에서는 달이 보이지 않는 답니다. 달이 태양과 90° 위치에 놓였을 때는 지구에서 달의 반쪽만 보이는데 이때를 반달이라고 해요. 달과 태양 사이에 지구가 있을 때 달 전체가 태양 빛을 반사해서 환하게 보이는데 이때가 보름달이랍니다.

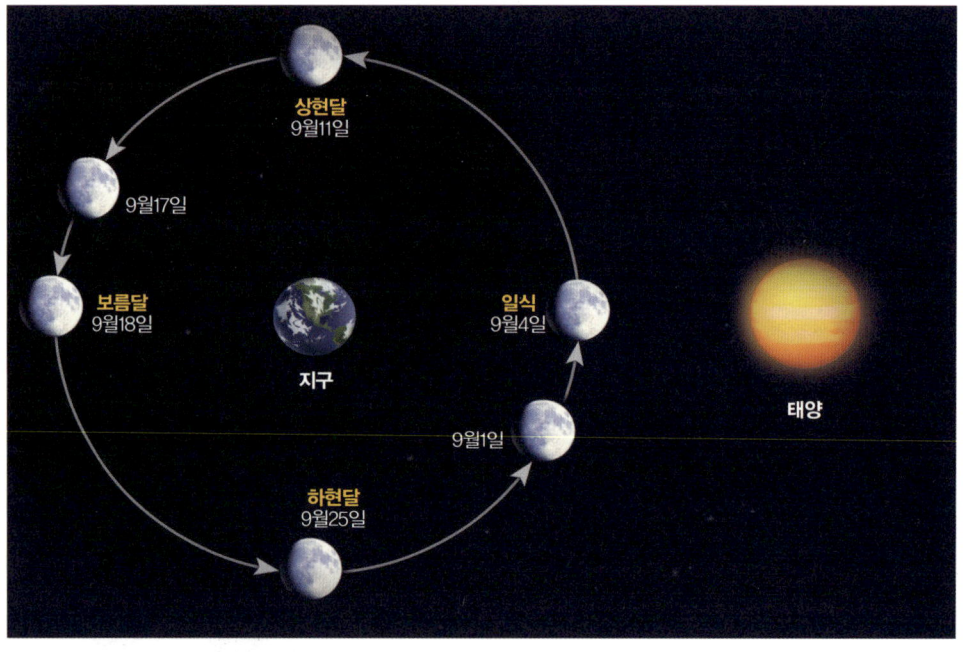

9월에 보이는 달의 모양 변화
일식 달이 태양의 일부나 전부를 가리는 현상
상현달 음력 7~8일경에 나타나는 반달. 둥근 쪽이 아래로 향한다.
하현달 음력 22~23일경에 나타나는 반달. 둥근 쪽이 위로 향한다.

태양의 움직임을 무엇으로 측정했을까?

고대 바빌로니아와 이집트에서는 땅에 막대기를 세우고 그 그림자의 길이를 재었답니다. 그처럼 태양의 고도를 측정하여 해그림자의 크기에 따라 1년의 절기를 정하는 데 쓰이는 기구를 규표라고 해요.

나침반을 쓰지 않아도 남북의 방위가 정해져서 해그림자를 잴 수 있는 정남일구도 있어요. 해시계의 일종이랍니다.

세종대왕은 여러 가지 해시계를 만들어서 태양의 움직임을 측정했답니다. 혼천의나 앙부일구 등도 만들어서 백성들까지 시간을 알 수 있도록 하였답니다. 그때까지 시계란 왕과 귀족들만의 전유물이었거든요. 앙부일구는 글자를 모르는 백성들까지 시간을 읽을 수 있도록 12지신 그림으로 표시되어 있답니다. 게다가 앙부일구는 시간을 읽으면서 절기까지 알 수 있도록 만들어졌어요.

규표
여주 영릉에 있는 규표. 1년의 길이와 24절기를 알아내기 위해 사용하던 도구.

24절기 퀴즈

24절기에 대한 상식을 점검해 보아요.
질문에 따라 알맞은 답을 찾아가 봅시다.

Q1 태양이 움직이는 길을 따라 1년을 24등분하여 계절을 구분한 것을 무엇이라고 하나요?

Q2 태양이나 달, 별의 주기적인 현상을 기준으로 계절 변화와 날짜를 나타내는 방법은?

Q3 절기와 절기 사이는 왜 정확하게 15일이 아닐까요?

Q4 1년이 365일이라는 것을 처음으로 알게 된 나라는 어느 나라인가요?

Q5 세종대왕이 우리나라를 기준으로 하여 만든 15세기 최고의 천문역법서는 무엇일까요?

- 지구의 공전 궤도가 타원형이라서 태양을 도는 데 걸리는 시간이 똑같지 않기 때문.
- 칠정산
- 역법
- 24절기
- 이집트

🙂 동서양 천문학의 만남 『칠정산』

 차돌이는 두 번째 문제의 답을 이야기할 기회가 없었어요. 황부자가 급한 일이 생겨서 한양으로 떠났기 때문이에요. 차돌이는 고민을 했어요.
 '세 번째 문제까지 풀까? 아니야 그냥 비법서를 훔쳐서 이곳을 떠나는 게 나아. 어차피 황부자도 없잖아?'
 차돌이가 고민하고 있을 때 어벙이가 편지를 들고 왔어요.
 "차돌아, 여기 뭐라고 써 있어?"
 필요한 물건을 어벙이에게 들려서 보내라는 내용이었어요.
 "어벙아, 너더러 한양으로 오라는 이야기야."
 "정말? 나 한양 구경 가는 거야? 아이, 신 나라."

차돌이가 고민을 이야기할 새도 없이 어벙이는 짐을 싸 들고 떠났어요. 어벙이가 없다면 비법서를 훔쳐서 돌아가는 것이 의미가 없었어요. 차돌이는 어쩔 수 없이 황부자가 돌아올 때까지 기다리기로 했어요.

"차돌아, 서당에 같이 가자. 오늘 존이 시간이 난다고 함께 오라고 했어."

"그래요? 알았어요."

차돌이는 전에 듣던 달력 이야기가 생각났어요.

시간을 지배하는 방법에 대해 더 많은 것을 알고 싶었지요. 그래서 선뜻 개똥이를 따라나섰어요. 여전히 존을 보는 것은 좀 두려웠지만 말이에요.

"『칠정산』에 대해서 더 듣고 싶어요."

개똥이가 말을 꺼냈어요.

"『칠정산』은 한양에서 하지와 동지 때 해그림자의 실제 길이를 재고, 매일 해가 뜰 때와 질 때의 시간을 구해서 조선에 맞는 기준을 정한 역법이에요. 1년

나라마다 역법이 다르다고?

이 365일하고 약 6시간이 더 있다는 것을 계산해 냈더군요. 정말 대단해요."

차돌이가 머리를 긁적이자 존은 말을 계속했어요.

"역법은 어려워요. 1년이 정확하게 365일이 아니기 때문에 더 그렇답

차돌이의 계절 노트

첨성대

첨성대는 신라시대의 천문관측대로 정확한 건립년도는 알 수 없지만 『삼국유사』에 보면 선덕여왕 때 건립했다는 기록이 있어. 정사각형의 기단 위에 30cm 두께의 돌 362개를 27단으로 쌓아 올린 술병 모양이야. 한가운데에는 네모난 창이 뚫려 있고, 맨 위에는 2단의 정자석이 올려져 있지. 이 정자석 위에 혼천의와 같은 관측기구를 설치하고 별을 통해 동지·하지·춘분·추분 등의 24절기를 측정한 것으로 보여. 동양에서 현존하는 가장 오래된 천문대라고 해.

니다."

"1년이 365일이 아니라고요?"

차돌이의 눈이 커졌어요.

"네. 태양의 움직임을 매일 측정한 후 알게 된 사실이지요."

"윤달까지 넣어서 365일을 맞췄는데 365일이 넘으면 어떻게 되는 거죠?"

개똥이가 다시 물어 보았어요.

"날짜와 계절이 맞지 않는 문제가 생기지요. 그런 면에서는 24절기가 더 편하죠. 동지나 하지를 기준으로 해서 날짜를 세어 나가니까 매년 차이를 없앨 수가 있거든요. 그런 면에서 『칠정산』은 여러 나라 역법의 좋은 점을 다 모은 책이라고 할 수 있죠. 이렇게 작은 조선에서 그런 역법책을 만들 수 있다니 나는 놀랐어요. 정말 대단해요."

존의 설명을 들으니 차돌이는 왠지 우쭐해졌어요.

"24절기는 서쪽 나라에는 없나요?"

차돌이가 슬쩍 물어 보았어요.

"태양이 지나가는 길을 24개로 나눈 것이 24절기이지요? 서쪽 나라에는 태양이 지나가는 길에 있는 12개의 별자리로 1년을 12달로 나타내요. 24절기와는 의미가 다르지요."

"나라마다 역법이 다른가요?"

개똥이가 물었어요. 차돌이도 다른 나라의 역법이 궁금했어요.

"조선의 역법은 달의 변화와 태양의 움직임으로 날짜를 계산하는 방법을 사용하지요. 그래서 24절기마다 날짜가 조금씩 달라지기도 하죠. 그런데 서쪽 나라들은 좀 달라요. 태양과 별의 움직임을 계산한 다음에 그것을 기본으로 일정한 규칙을 찾아요. 그리고 평균값을 계산해서 날짜가 변하지 않는 달력을 만들거든요."

"나라마다 다 다르군요."

차돌이가 알겠다는 듯이 고개를 끄덕였어요.

"내가 여행하면서 살펴보니까 나라마다 각자 나름의 방법으로 날짜를 표시하더라고요. 달의 움직임만 따라서 날짜를 표시하는 나라도 있고 태양의 움직임만 따라서 날짜를 표시하는 나라도 있어요. 조선은 둘 다 함께 표시하는 나라고요."

"어떤 방법이 가장 좋은가요?"

"그거야 다 좋은 점과 나쁜 점이 있어요. 나라마다 각자 나라에 맞게 사용하는 것이니까요. 서쪽 나라들은 한 가지 방법으로 통일을 했어요."

"어떤 방법이요?"

개똥이가 물었어요.

"그 방법을 설명하려면 여러 나라의 이야기를 해야 해요. 그럼 1년이 365일인 것을 알게 된 것부터 이야기를 해 볼까요?"

10월 4일 다음 날이 10월 15일이라고?

"1년이 365일인 것을 처음으로 알게 된 나라는 이집트라는 나라예요. 그곳에는 나일강이라는 큰 강이 있어요. 그런데 이 강이 때에 따라 물이 넘쳤어요. 강물이 넘치고 나면 밀농사를 짓기 좋은 땅이 생겼어요. 이집트 사람들은 이 강의 변화에 따라 농사를 지었어요. 그러다 보니까 강이 언제 넘치는지를 아는 것이 중요했어요."

"그래서 날짜를 세어 보았군요? 달의 변화로 알아보았나요?"

개똥이가 물었어요.

"달의 변화가 아니라 태양으로 날짜를 세었어요. 땅에 수직으로 세운 막대의 그림자 길이를 측정하여 계절의 변화를 알아보았답니다."

"해시계처럼요?"

차돌이가 끼어들었어요. 산채에서는 마당에 있는 나무의 그림자로 시간을 알아보곤 했거든요.

"네. 그리고 나일강이 넘칠 때마다 동쪽 하늘에 해와 함께 시리우스 별이 뜬다는 사실을 알게 되었지요. 동쪽 하늘에 시리우스 별이 뜨고 나일강이 넘치는 시간을 계산하니 365일이었던 거예요. 1년이 365일이라는 것을 알게 된 후 이집트는 30일짜리 1달을 12개 만들어서 360일로 하고 나머지 5일은 축제의 날로 덧붙였어요. 이때부터 1년이 365일인 달력이 만들어졌지요."

"그러면 모두 이집트 달력을 사용하나요?"

차돌이가 물었어요.

"아니요. 실제 1년의 길이는 365일이 좀 넘는다고 했죠? 이집트는 태양과 시리우스 별을 더 관측하다가 1년이 365일이 넘는다는 사실을 알게 되었어요. 이때 로마라는 나라에 율리우스 시저라는 황제가 있었어요. 황제는 이집트를 침략했다가 그 사실을 알게 되었어요. 1년이 365일하고 약 6시간이라는 것을 알게 된 것이죠. 이 당시 로마는 달의 움직임에 따른 달력을 사용하고 있었어요. 그래서 날짜와 계절이 맞지 않았어요. 시저는 이집트 달력을 보고 남는 6시간을 모아서 4년에 한 번씩 2월에 하루를 더 넣었어요. 그럼으로써 날짜와 계절이 맞지 않는 문제를 해결했지요. 그 달력을 율리우스력이라고 말해요."

"아, 그럼 이제 다 율리우스력을 사용하겠네요."

개똥이가 말하자 존이 싱긋 웃었어요.

"아쉽게도 율리우스력도 완전하지 못했어요. 율리우스력을 사용한 지 천 년이 지났을 때였어요. 그레고리우스라는 황제 때 날짜 차이가 10일이나 생긴 거예요."

"아니, 그렇게 맞췄는데 왜 또 차이가 생겼어요?"

차돌이가 이해가 안 간다는 듯이 갸웃거렸어요.

" 3월 21일이어야 할 춘분이 3월 11일이 되어 버린 거죠. 그걸 본 그레고리우스 황제는 그 다음 해 10월 4일에 큰 결심을 해요."

"어떤 결심이요?"

차돌이가 존에게로 조금 다가앉았어요.

"바로 다음 날을 10월 15일로 만들어 버린 거죠."

"아니, 어떻게 날짜를 10일이나 없앨 수가 있어요?"

개똥이 눈이 커졌어요.

"그럼 10월 5일부터 14일까지 아예 없어진 거예요? 그럼 그때 생일인 아이들은 모두 축하를 못 받았겠네요?"

"그랬겠죠? 춘분 날짜를 맞추기 위해서 어쩔 수 없이 그렇게 한 거였어요."

존은 빙그레 웃었어요.

"황제가 그렇게 마음대로 해도 되는 거예요?"

"황제니까요. 율리우스 시저 황제는 자신의 생일을 기념하기 위해서 7월을 31일로 만든 걸요. 로마 최초의 황제인 아우구스투스도 자신의 생일이 있는 8월을 31일로 만들었어요. 그래서 우리나라 달력에는 한 달이 30일인 달도 있고 31일인 달도 있어요. 2월은 28일일 정도로 좀 복잡하답니다."

"어떻게 그럴 수가 있어요?"

개똥이가 믿어지지 않는다는 듯이 물었어요.

"역법은 시간을 지배하는 방법이니까요. 황제의 힘과 권위를 보여 주려고 했던 거지요."

차돌이는 역법책을 갖고 싶어졌어요. 시간을 지배한다니 얼마나 멋있어요? 농사도 정말 잘 짓게 될 거에요.

황부자의 세 번째 문제

"두 번째 문제의 답은 달력이에요. 거기에 나온 절기와 계절을 잘 파악하면 때를 미리 알아서 시간을 지배할 수 있어요."

차돌이는 황부자가 돌아오자마자 말했어요. 혹시라도 시간이 지나면 잊어버릴 수도 있으니까요.

"허허. 제법이구나. 오늘은 내가 피곤하니 내일 세 번째 문제를 내도록 하마."

황부자는 사랑방으로 들어갔어요. 차돌이는 어벙이를 찾았어요.

"어벙아, 한양은 어땠어?"

"눈 뜨고 코 베어 가도 모르겠더라. 웬 사람들이 그렇게 많은지. 다시 가라면 가고 싶지 않아."

어벙이는 행랑채에 벌렁 드러누웠어요. 차돌이는 더 이야기하고 싶었

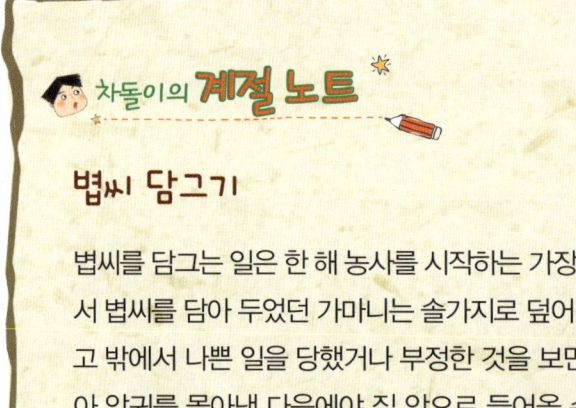

차돌이의 계절 노트

볍씨 담그기

볍씨를 담그는 일은 한 해 농사를 시작하는 가장 중요한 일이었어. 그래서 볍씨를 담아 두었던 가마니는 솔가지로 덮어 깨끗하게 하였어. 그리고 밖에서 나쁜 일을 당했거나 부정한 것을 보면 집 앞에 와서 불을 놓아 악귀를 몰아낸 다음에야 집 안으로 들어올 수 있었지. 그리고 들어와서도 볍씨를 쳐다보지 않았어. 만약 볍씨를 보게 되면 싹이 트지 않아 한 해 농사를 망친다고 생각했거든.

지만 참았어요. 그러고 보니 요 며칠 산채 소식을 못 들었어요. 차돌이는 대장이 어떻게 지내는지 궁금했어요. 개똥이 때문에 산채에 올라가 보지 못하는데 대장도 내려오지 않았거든요. 차돌이는 얼른 세 번째 문제를 풀어 산채로 가고 싶었어요.

"황부자 어른, 어서 세 번째 문제를 내주세요."

눈을 뜨자마자 차돌이는 황부자를 찾았어요. 더 시간을 끌다간 대장에게 무슨 일이 생길지 모르잖아요.

"급하기도 해라. 아침은 먹고 이야기하자꾸나."

"문제만 내주세요. 어차피 제가 맞히려면 시간이 필요하잖아요."

"허허, 알았다. 농사를 지을 때 가장 중요한 것이 무엇이라고 생각하느냐? 이것이 세 번째 문제니라."

"그거야 쉽죠. 농사를 지을 때 가장 중요한 건 종자예요. 씨가 좋아야 좋은 열매를 맺지요."

"아니다. 좀 더 생각해 보고 대답하여라."

황부자는 뒷짐을 지고 나가 버렸어요. 차돌이는 고민하고 또 고민했어요.

"씨앗이 아니면 뭐지? 날씨인가? 아니면 땅인가?"

"차돌아, 뭐해? 보리 밟으러 가자."

어벙이가 차돌이를 찾았어요. 겨우내 언 땅이 녹으면서 흙 사이가 떠서 밟아 줘야만 보리가 잘 자랄 수 있어요.

차돌이는 보리를 밟으며 계속 생각했어요.

"차돌아, 그렇게 아무 생각 없이 밟으면 어떡해?"

어벙이가 주의를 주었어요.

"왜? 잘 밟고 있잖아."

"마음을 다해야지. 보리야 잘 자라라 하면서 밟아야지."

어벙이 말에 차돌이는 웃음을 터뜨렸어요.

"너나 열심히 밟아라. 난 개똥이한테 가 봐야겠다."

차돌이는 개똥이를 찾으러 갔어요.

차돌이는 마을을 한 바퀴 돌았어요. 하지만 개똥이는 보이지 않았어요. 차돌이는 혹시나 해서 집으로 돌아왔어요.

"도련님."

무슨 바람이 불었는지 개똥이가 책상에 앉아 있었어요. 종이를 펴고 벼루에 먹을 갈고 있었어요. 얼마나 진지하게 먹을 가는지 개똥이 같지 않았어요.

"어울리지 않게 왜 그래요?"

평소 같으면 웃으면서 장난쳤을 텐데 개똥이는 그러지 않았어요.

"뭐하는 거예요?"

"보면 모르니? 글을 쓰려는 거야."

개똥이는 먹을 한참 갈았어요. 그런 다음 붓에 골고루 먹을 발랐어요.

"그냥 쓰면 되지 왜 그렇게 뜸을 들여요?"

보다 못한 차돌이가 말했어요. 개똥이는 종이를 보며 숨을 골랐어요.

"글을 쓸 때는 마음을 다해야 하는 거야. 그래야 좋은 글이 나오지."

"글이야 손으로 쓰는 거지 마음은 무슨 마음이에요?"

"마음을 담아야 좋은 글이 되는 거야. 방해하지 말고 나가거라."

차돌이는 엉거주춤 밖으로 나왔어요. 개똥이가 하도 진지해서 세 번째 문제는 묻지도 못했지 뭐예요.

'농사를 지을 때 가장 중요한 것은 뭘까?'

어벙이도 개똥이도 오늘따라 이상해요. 마음이라니.

"아, 맞다. 마음! 어쩌면 마음이 가장 중요할지도 몰라."

차돌이는 황부자에게 갔어요.

"마음이에요. 농사가 잘되기를 바라는 마음이요. 그 마음으로 씨도 심고 김도 매고 추수도 하는 거예요."

"허허허. 이제 농사꾼이 다 되었구나. 약속대로 비법서를 주마."

차돌이는 뛸 듯이 기뻤어요. 드디어 산채로 갈 수 있게 되었어요. 개똥이와 헤어지는 건 아쉽지만 이제 도둑질을 하지 않고 농사지으며 살 수 있게 된 거예요. 다음 날 황부자는 어벙이와 차돌이를 불렀어요.

"자, 약속대로 비법서 여기 있다."

개똥이가 책을 내밀었어요. 『농사비법서』라고 한글로 쓰여 있었어요.

"좀 더 이해하기 쉽도록 새로 썼다네. 잘 읽고 바라는 대로 농사를 잘 지어 보게."

삐뚤삐뚤 쓴 글씨가 개똥이 글씨였어요. 책에는 날짜와 그에 맞는 절기, 그리고 그때 해야 하는 농사일까지 적혀 있었어요.

차돌이는 가슴이 뭉클했어요.

"차돌아!"

대장이 왔어요. 건강해 보이는 대장이 차돌이와 어벙이를 얼싸 안았어요. 산채로 돌아가는 발걸음이 가벼웠어요. 차돌이는 개똥이를 향해 손을 흔들고 또 흔들었어요.

일식이 일어나는 시간을 14분 놓쳐서 곤장을 맞다

세종 4년 정월 초하루 오후, 세종과 신하들은 개기 일식을 맞아 제사를 지내려고 창덕궁 인정전에 모였어요. 당시 개기 일식은 임금을 상징하는 태양을 달이 가리는 아주 무서운 일이었어요. 그래서 왕과 신하들은 하얀 소복을 입고 태양이 빨리 나오기를 바라는 제사를 지냈어요. 기상천측을 담당했던 서운관으로부터 3개월 전부터 일식이 시작되는 시간을 보고 받았어요. 그런데 막상 그 시간이 되자 일식이 일어나지 않는 것이었어요. 이것을 '하늘이 왕을 거부한다'는 신호로 받아들이는 신하도 있었어요. 세종은 당황했어요. 상왕인 태종까지도 세종을 폐위해야 하나 고민했지요. 그런데 14.4분이 지나자 일식이 일어난 거예요. 무사히 제사를 마치고 서운관은 곤장을 맞았어요. 일식이 늦게 일어난 이유는 중국의 칠정에 맞춰서 달의 움직임과 위치를 계산했기 때문이었어요. 중국과 조선은 위치가 다르니 오차가 생긴 것이지요. 세종은 '우리나라는 중국과 다르다. 하늘도 다르고 모든 것이 다르다'라고 생각해서 우리나라의 실정에 맞는 역법서를 만들라고 지시를 했어요. 그래서 마침내 15세기 최고의 천문역법서인 『칠정산』 내·외편이 완성되었답니다.

1년이 점점 짧아지고 있다고?

태양계의 모든 행성은 태양을 중심으로 돌고 있지요. 지구가 태양의 주위를 한 바퀴 도는 데 걸리는 시간이 바로 1년이지요. 그런데 지구가 태양의 주위를 원으로 돈다면 1년은 360일이었을 거예요. 하지만 지구는 태양의 주위를 타원형으로 돈답니다. 그래서 1년은 정확하게 365.24219일이랍니다. 거기다가 지구가 태양 주위를 도는 속도도 일정하지 않지요. 태양 가까이 지날 때는 속도가 빠르고 멀리 지날 때는 속도가 느려져요. 여름보다 겨울에 공전속도가 느려요. 그리고 지구가 도는 둘레는 실제 1년의 길이보다 100년에 0.5초씩 줄어들고 있답니다.

OX 퀴즈

24절기에 관한 이야기를 재미있게 읽었나요?
다음 문제를 읽고 24절기를 제대로 이해했는지 확인해 보아요.
맞는 문장에는 ○를, 틀린 문장에는 ×를 그려 주세요.

Q1 24절기를 만든 이유는 달의 변화에 맞춘 날짜와 실제 계절이 맞지 않기 때문이다.

Q2 달이 매일 모양을 바꾸는 이유는 스스로 빛을 내지 못하고 햇빛을 반사하기 때문이다.

Q3 소한이 대한보다 추운 것은 우리나라 사정에 맞게 역법을 고쳤기 때문이다.

Q4 한 달이 30일도 있고 31일도 있는 것은 달의 변화에 맞췄기 때문이다.

Q5 날짜와 계절이 맞지 않자 그레고리우스 황제는 10월 4일 다음날을 10월 15일로 바꾸었다.

정답: 1.(○), 2.(○), 3.(×), 4.(×), 5.(○)

어려운 용어를 파헤치자!

가래 흙을 파서 옮기는 데 사용되는 농기구.

가을걷이 가을에 익은 곡식을 거두어들이는 일. 추수.

곡우물 산다래나 자작나무, 박달나무 등에 상처를 냈을 때 안에서 나오는 물.

곡우살이 곡우 때 잡히는 조기.

관아 옛날 관리나 벼슬아치가 모여서 나랏일을 하는 곳.

거자수 자작나무 줄기에서 나오는 부옇고 단맛이 있는 물.

검댕 그을음이나 연기가 맺혀서 생긴 검은 빛깔의 물질.

군불 방을 따뜻하게 하기 위해 때는 불.

근신 일정한 기간 동안 일을 하지 못하고 말이나 행동을 조심하는 것.

논두렁 물이 괴어 있도록 논의 가장자리를 흙으로 둘러막은 작고 얕은 둑.

달집 음력 정월 보름날 달맞이를 할 때 불을 붙여 밝게 하기 위하여 나무와 짚 따위를 묶어서 쌓아 올린 무더기.

모내기 모를 못자리에서 논으로 옮겨 심는 일.

반사 빛이나 전파가 어떤 물체의 표면에 부딪혀 되돌아가는 현상.

복달임 음식을 장만해서 계곡을 찾아가 술과 음식을 먹고 노는 것.

비법 소수의 사람만이 알고 있는 특별한 방법.

산채 산속에 있는 산적들의 근거지.

삼복 음력 6월에서 7월 사이에 있는 가장 더운 기간으로 초복, 중복, 말복을 말한다.

수면 녹두로 만든 붉은색 국수를 꿀물에 띄운 것.

숫돌 칼이나 낫의 날을 세우는 데 쓰는 돌.

죽순 대나무 뿌리에서 돋아나는 어린싹.

아궁이 솥 또는 가마에 불을 때기 위하여 만든 구멍.

애벌갈이 논이나 밭을 처음 갈 때 큰 덩어리를 먼저 부수는 작업.

양인 서양 여러 나라의 사람을 부르는 말.

역법 태양과 별의 주기적인 현상을 기준으로 달, 날짜, 시간 따위를 구분하는 방법.

유두면 유둣날 만들어 먹는 구슬 모양 국수.

일식 달이 태양과 지구 사이에 위치하여 태양의 전부 또는 일부를 가리는 현상.

추수 가을에 익은 곡식을 거두어들이는 일.

태양의 고도 지표면을 기준으로 태양의 높이를 나타내는 말.

퇴비 풀이나 짚, 가축의 배설물을 썩혀서 만든 거름.

허탕 어떤 일을 시도하였다가 아무런 소득이나 이익 없이 일을 끝냄.

호박고지 애호박을 얇게 썰어 말린 것.

황도 지구를 중심으로 태양이 지나가는 길.

흉작 자연재해나 날씨 때문에 농작물이 잘 자라지 않아서 생산량이 많이 줄어드는 일.

행랑채 행랑이 있는 건물. 하인의 거처이며 창고로도 이용.

24절기 속담에는 무엇이 있을까?

대한이 **소한**의 집에 가서 얼어 죽는다.
(비슷한 속담) **소한**의 얼음이 **대한**에 녹는다.
▶ 14페이지로.

춥지 않은 **소한** 없고 포근하지 않은 **대한** 없다.
▶ 20페이지로.

소한 추위는 꾸어다가라도 한다.
▶ 소한 때는 추위를 꾸어서라도 반드시 춥다는 뜻.

동지가 지나면 푸성귀도 새 마음 든다.
▶ 동지가 지나면 세상이 새해를 맞을 준비를 한다는 뜻.

동지섣달 해는 노루꼬리만 하다.
▶ 20페이지로.

배꼽은 작아도 **동지** 팥죽은 잘 먹는다.
▶ 겉보기에는 별 볼 일 없는 사람이 예상 외로 일을 뛰어나게 할 때 이르는 말.

소설 추위는 빚을 내서라도 한다.
▶ 소설 추위는 피할 방법이 없다는 뜻.

입동이 지나면 김장도 해야 한다.
▶ 김장은 입동을 기준으로 해야 제맛이 난다는 뜻.

한로가 지나면 제비도 강남으로 간다.
▶ 한로를 기준으로 날씨가 추워진다는 뜻.

추분이 지나면 우렛소리 멈추고 벌레가 숨는다.
▶ 추분이 지나면 가을이 되어 천둥소리도 없어지고 벌레들도 활동을 멈춘다는 뜻.

덥고 추운 것도 **추분**과 **춘분**까지이다.
▶ 절기의 흐름에 따라 날씨도 변한다는 뜻.

모기도 **처서**가 지나면 입이 삐뚤어진다.
(비슷한 속담) **처서**가 지나면 풀도 울며 돌아간다.
▶ 20페이지로.

입추에는 벼 자라는 소리에 개가 짖는다.
▶ 17페이지로.

하지가 지나면 발을 물꼬에 담그고 산다.
▶ 하지에는 모심기가 끝나 논이 마르지 않게 물을 계속 대 주어야 하므로 농부들이 매우 분주해짐을 뜻하는 말.

청명에는 부지깽이를 꽂아도 싹이 난다.
▶ 농사 준비 작업에 들어가는 청명에는 부지깽이 같은 나무 막대기를 꽂아도 다시 살아날 만큼 생명력이 왕성한 절기라는 뜻.

곡우에 모든 곡물들이 잠을 깬다.
▶ 본격적으로 농사철이 시작되는 절기라는 뜻.

곡우에 가물면 땅이 석 자가 마른다.
▶ 17페이지로.

입하물에 써레 싣고 나온다.
▶ 입하 때 모심기가 시작이 되어 써레라는 농기구를 사용하여 못자리를 만드는데 이처럼 본격적으로 농사가 시작됨을 알리는 말.

경칩 지난 게.
▶ 전에는 조용하다가 경칩이 지나야 활동하기 시작하는 게처럼 조용하던 사람이 갑자기 말을 하기 시작하거나 활동함을 이르는 말.

가게 기둥에 **입춘**이라.
▶ 보잘 것 없는 집에 '입춘대길(立春大吉, 대문이나 기둥에 새해의 행운과 건강을 기원하면서 써 붙이는 글귀)'을 써 붙인 것처럼 자기 수준에 맞지 않는 사람이나 행동을 이르는 말.

입춘 거꾸로 붙였나.
▶ 입춘이 지나면 날씨가 따뜻해야 하는데 오히려 날씨가 더 추운 경우에 쓰는 말.

우수 뒤의 얼음같다.
▶ 17페이지로.

우수 경칩에 대동강 물이 풀린다.
▶ 우수와 경칩이 지나면 아무리 춥던 날씨도 풀린다는 뜻.

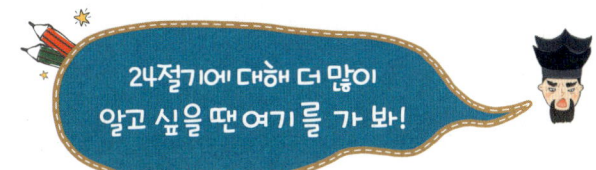

뿌리넷 http://www.poori.net
'겨레의 뿌리' 소개 페이지에 들어가면 우리 명절 뿐만 아니라 절기의 민속 문화에 대해서도 알아볼 수 있어요.

이야기 한자여행 http://www.hanja.pe.kr
절기나 세시 이름은 대부분 한자예요. 그래서 한자를 이해하면 절기와 세시에 대해 더 쉽게 이해할 수 있지요. 절기와 세시 이야기를 한자로 알아볼 수 있어요.

국가문화유산포털 http://www.heritage.go.kr
문화유산과 전통 민속 문화를 마치 전시관에 직접 간 것처럼 생생한 동영상과 상세한 설명으로 만날 수 있어요.

한국민속대백과사전 http://folkency.nfm.go.kr
세시 풍속과 민속 신앙에 대해 알아볼 수 있어요. 세시에 관련된 궁금한 단어는 검색해서 찾아볼 수도 있어요.

신 나는 토론을 위한 맞춤 가이드

24절기에 관한 이야기를 재미있게 읽었나요? 이제 24절기 박사가 다 되었다고요? 그 전에 마지막 단계인 토론을 잊지 마세요. 토론을 잘하려면 올바른 지식과 다양한 정보가 바탕이 되어야 해요. 책을 다 읽고 친구 또는 엄마와 함께 신 나게 토론해 봐요!

잠깐! 토론과 토의는 뭐가 다르지?

토론과 토의는 모두 어떤 문제를 해결하기 위해 의견을 나누는 일입니다. 하지만 주제와 형식이 조금씩 달라요. 토의는 여러 사람의 다양한 의견을 한데 모아 협동하는 일이, 토론은 논리적인 근거로 상대방을 설득하는 일이 중요합니다. 토의는 누군가를 설득하거나 이겨야 하는 것이 아니기 때문에 서로 협력해서 생각의 폭을 넓히고 좋은 결정을 내릴 때 필요해요. 반면 토론은 한 문제를 놓고 찬성과 반대로 나뉘어 서로 대립하는 과정을 거치지요. 넓은 의미에서 토론은 토의까지 포함하는 경우가 많습니다. 토론과 토의 모두 논리적으로 생각 체계를 세우고, 사고력과 창의성을 높이는 데 도움을 준답니다.

토론의 올바른 자세

말하는 사람
1. 자신의 말이 잘 전달되도록 또박또박 말해요.
2. 바닥이나 책상을 보지 말고 앞을 보고 말해요.
3. 상대방이 자신의 주장과 달라도 존중해 주어요.
4. 주어진 시간에만 말을 해요.
5. 할 말을 미리 간단히 적어 두면 좋아요.

듣는 사람
1. 상대방에게 집중하면서 어떤 말을 하는지 열심히 들어요.
2. 비스듬히 앉지 말고 단정한 자세를 해요.
3. 상대방이 말하는 중간에 끼어들지 않아요.
4. 다른 사람과 떠들거나 딴짓을 하지 않아요.
5. 상대방의 말을 적으며 자기 생각과 비교해 봐요.

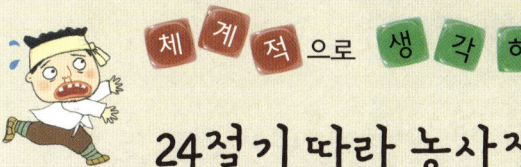

24절기 따라 농사짓기

옛날 사람들은 24절기를 바탕으로 농사를 지었어요. 황부자가 차돌이에게 절기에 따른 농사법을 알려주려고 해요. 본문을 읽고 황부자의 대사를 채워 보세요. 대사는 다양하게 나올 수 있답니다.

예
- 마님, 입춘이라 보리뿌리를 뽑아 보았더니 글쎄 세 가닥이 나왔습니다.
- 오, 그렇다면 올해는 풍년이로구나!

1.
   - 차돌아, 우수가 되었으니 _____(하)거라.
   - 네, 알겠습니다요. 해충의 알을 모두 없애야 좋은 밭에서 곡식들이 자랄테니까요.

2.
   - 마님, 오늘은 목화와 고추를 땄습니다.
   - 오 벌써, _____ 인게로구나. _____(도)하거라.

3.
   - 으스스, 날씨가 많이 추워졌군. 차돌아 _____(하)거라.
   - 벌써 소설인가요? 무말랭이랑 호박오가리도 만들고 곶감도 매달아 놓겠습니다요.

논리적으로 말하기 1
음력과 양력, 내 생일은 어느 것을 쓸까?

우리나라를 비롯하여 중국, 몽골 등 여전히 여러 나라가 양력뿐만 아니라 음력도 같이 사용합니다. 우리나라는 큰 명절인 설날과 추석을 음력으로 세어 결정하고 공휴일로 지정하고 있어요. 대부분은 양력으로 생일을 정하지만, 친구들 가운데 일부는 음력으로 생일날을 정하기도 해요. 양력과 음력은 어떤 특징을 지니고 있을까요? 아래 기사를 읽어 보고 친구들과 이야기해 봐요.

우리가 알고 있는 음력이나 양력은 모두 기본적으로는 자연의 시간을 반영해 만들어진 달력이다. 그러나 한 달의 길이를 정하는 방법에서는 음력과 양력이 커다란 차이를 보인다. 먼저 양력의 경우를 살펴보자. 양력은 해의 움직임만을 고려하므로 자연의 시간에 따라 1달의 길이를 정한다면, 1달은 해가 황도^{지구의 입장에서 태양이 움직인다고 생각했을 때 태양의 궤도}위를 한 바퀴 도는데 걸리는 시간을 12로 나누어서 그것을 1달의 길이로 정하면 된다.

계절이 변하는 이유는 지구의 회전축이 기울어진 상태에서 공전하기 때문인데, 이런 현상을 달력에서는 춘분, 하지, 추분, 동지 등의 24개의 절기로 표시했다.

양력에서는 해의 움직임을 가지고 날짜를 표시하기 때문에 우리는 그 날짜만 보아도 해의 위치를 어림잡을 수 있다. 그러므로 양력에는 따로 24절기를 표시할 필요가 없다. 그러나 음력에서는 계절의 변화와 관계 없는 달의 운행을 보고 날짜를 표시하기 때문에 음력 날짜만으로는 계절의 변화, 즉 해의 위치를 알 수 없다. 음력에서는 이런 문제를 해결하기 위해 처음부터 날짜와는 별도로 24절기를 따로 표시해 주었다.

동양의 음력에서는 해와 달의 운행에 관한 매우 정확한 내용을 직접 달력에 포함시켰다. 그런데 동양의 역법에서는 달력을 만드는 것과 직접적으로 관계가 없을 듯한 행성의 운행도 매우 중요한 역할을 했다.

(이하 생략)

과학동아 1998년 1월 호

1. 양력와 음력의 특징은 무엇인가요?

양력

음력

2. 둘 다 사용하는 것이 좋을까요? 하나로 통일하는 것이 편리할까요? 친구들과 의견을 나누어 토론해 봅시다.

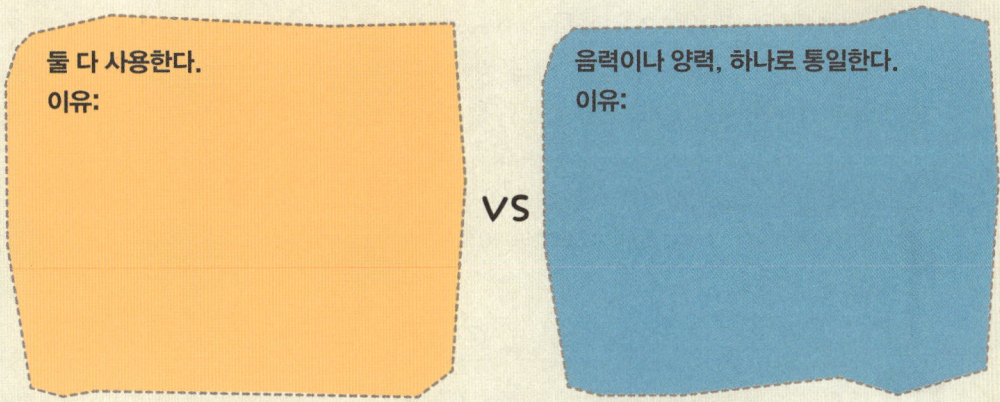

둘 다 사용한다.
이유:

vs

음력이나 양력, 하나로 통일한다.
이유:

3. 양력과 음력 중 어느 것이 더 유용할까요? 친구들과 양력과 음력을 나누어 서로 자신의 의견을 나누어 봅시다.

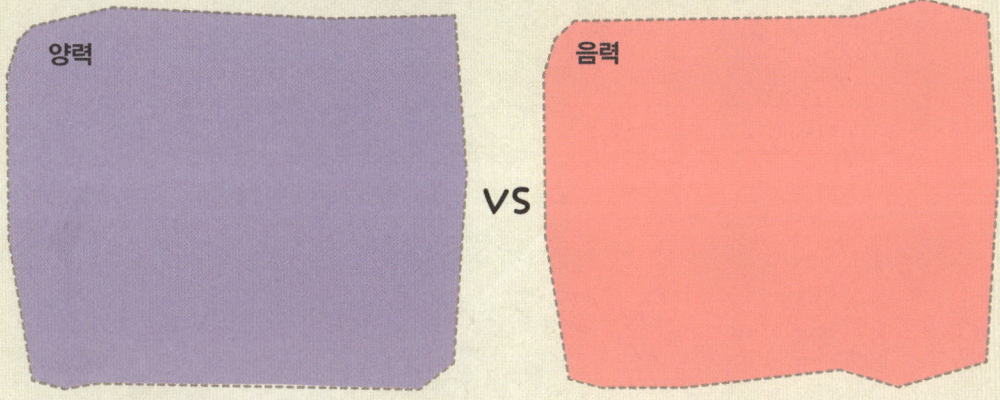

양력

vs

음력

24절기 용어를 사용해 뉴스 앵커 되어보기

일기 예보에는 항상 24절기 용어가 등장합니다. 이제 24절기에 대해서 배웠으니 우리도 기상 캐스터가 되어 날씨 예보를 해볼 수 있겠지요? 그리고 절기에 대해서 자세한 설명도 덧붙여 주어요.

봄 24절기 경칩: 개구리가 잠에서 깸

개굴개굴, 겨울잠을 자던 개구리가 깨어난다는 "경칩"이 하루 앞으로 다가왔습니다. 24절기 중 세 번째 절기인 경칩이 되면 만물이 잠에서 깨어나고 푸른 싹이 돋는다는데요, 몸이 건강해지길 바라면서 개구리알, 또는 도롱뇽 알을 떠다 먹는 풍습도 있다고 하네요. 경칩이 되었으니 이제 봄의 문턱에 성큼 다가섰습니다. 전국에는 비가 오고 꽃샘추위가 내일까지 계속되겠으니 봄감기 조심하시길 바랍니다. 이상 일기예보 OOO캐스터였습니다.

여름 대서: 더위가 가장 심함

오늘은 1년 중 가장 더위가 심하다는 대서입니다. 염소 뿔도 녹는다는 속담이 나올 정도인데요. _____
_____
_____
_____
_____

가을 입추 : 가을의 시작

_____
_____
_____
_____

_____
_____

겨울 대설 : 눈이 가장 많이 내림

_____
_____
_____
_____

_____
_____

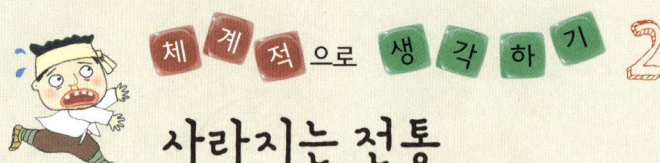

사라지는 전통

우리나라에는 설날, 정월 대보름, 단오, 추석, 동짓날 등 해마다 일정하게 지키며 기념하는 날이 있습니다. 우리는 이를 명절이라고 부르지요. 명절이 다가오면 우리 조상은 풍속에 따라 기념 행사를 하거나 다양한 놀이를 즐겼습니다. 최근 들어 명절의 의미가 많이 희미해지거나 볼품없이 되어 가는 경향을 볼 수 있습니다. 아래의 질문에 답을 생각해 보면서 명절의 참의미를 되새겨 봅시다.

1. 절기나 명절에서 찾아볼 수 있는 우리의 전통 문화가 무엇이 있는지 생각나는 대로 적어 봅시다.

2. 우리의 전통 문화가 사라져 가는 이유를 몇 가지 써 봅시다.

3. 명절, 한식, 한복 등 전통문화를 지켜야 하는 이유가 무엇일까요?

예시 답안

24절기 따라 농사짓기
1. 논과 밭에 불을 놓거라.
2. 추분, 나물도 말려 놓거라.
3. 타작한 벼를 말려서 곳간에 쌓아두거라.

음력과 양력, 내 생일은 어느 것을 쓸까?
1. **양력:** 양력은 지구가 태양 주위를 한 번 공전하는 시간을 1년으로 하고 태양의 위치가 변하는 것을 관찰하여 만들었다. 태양은 매우 밝기 때문에 사람들이 쉽게 변화 과정을 알 수 없지만, 한 달과 1년의 주기가 거의 변화가 없다는 장점이 있다.
   음력: 상현, 보름, 하현을 거쳐 완전히 사라지는 달의 반복적인 변화 모습을 관측하여 만들었다. 달의 주기는 30일 단위로 딱 떨어지지 않기 때문에 한 달의 날짜수가 달라진다는 단점이 있지만, 밤이 되면 달의 모습을 보고 누구나 날짜를 알아낼 수 있다는 장점이 있다.
2. **둘 다 사용한다:** 양력과 음력은 둘 다 시간과 계절을 알려주는 역할을 한다. 양력은 음력의 부정확함을, 음력은 양력의 관측상의 어려움을 해결해 주어 상호 보완적이다. 매년 반복되는 양력에 음력으로 계산하는 명절이 추가되면 우리의 생활이 더 다양해질 것이다.
   음력이나 양력, 하나로 통일한다: 양력과 음력은 모두 시간을 알려주는 역할을 하므로 이를 둘로 나누어 사용할 필요가 없다. 양력이든 음력이든 사람들이 가장 편리하게 사용할 수 있는 달력을 선정해 이에 맞는 생활 환경을 만드는 것이 효율적일 것이다.

사라지는 전통
1. 설날에는 웃어른께 세배를 하고 가족이 한데 모여 윷놀이를 하거나, 바깥에서 연날리기를 한다.
   추석에는 조상에게 차례를 지내고 송편을 빚어 먹으며, 사람들이 모여 강강술래를 한다.
2. 개인의 특성을 중요하게 생각하는 서양 문화를 비판 없이 그대로 받아들여 집단을 강조하는 전통문화를 멀리하게 되었다. 전통문화는 복잡하고 낡은 것으로 생각하고, 당장의 편리함을 추구하는 경향이 나타나고 있기 때문이다.
2. 전통문화는 그 나라 사람들의 조상으로부터 시작되어 쌓여 온 삶의 지혜이다. 전통문화를 지킴으로써 우리의 생활을 건강하고 풍요롭게 만들 수 있다.

글쓴이 김고운매

호기심이 많아 새로운 것을 배우기 좋아합니다. 과학, 역사, 문화 분야에 특히 관심이 많습니다. 책 읽기, 맛난 것 먹기, 상상하기, 이야기하기를 좋아하며 숲길을 걸으며 바람 쐬기를 즐겨요. 앞으로 모두의 기억에 남는 이야기를 만들 계획입니다. 현재는 아이들을 가르치며 동심을 잃지 않으려고 애쓰고 있어요.

그린이 신정수

시각디자인을 공부했고 그림책 일러스트레이터로 활동하고 있습니다. 다양한 표현 방법과 밝고 생동감 넘치는 그림을 좋아합니다. 그린 책으로는 『다문화 가정을 위한 어머니 나라 동화』가 있습니다.

초등 융합 사회과학 토론왕 시리즈 ❸ 생활 속 24절기

- 이 책에 실린 사진은 다음과 같이 기관 혹은 개인으로부터 게재 허가를 받았습니다. (가나다 순) 다만 출처를 잘못 알고 실은 사진이 있는 경우 해당 저작권자와 적법한 계약을 맺을 것입니다.

  동아일보
  한국천문연구원